岭南庭园

夏昌世 莫伯治 著

曾昭奋 整理

中国建筑工业出版社

图书在版编目(CIP)数据

岭南庭园／夏昌世，莫伯治著.—北京：中国建筑工业出版社，2008（2024.9重印）
ISBN 978−7−112−09337−3

Ⅰ.岭… Ⅱ.①夏…②莫… Ⅲ.庭院－园林艺术－研究－广东省 Ⅳ.TU986.626.5

中国版本图书馆CIP数据核字(2007)第203503号

责任编辑：杜　洁
整体设计：付金红
责任校对：陈晶晶　孟　楠

岭南庭园

夏昌世　莫伯治　著
曾昭奋　整理

*

中国建筑工业出版社出版、发行(北京西郊百万庄)
各地新华书店、建筑书店经销
北京广厦京港图文有限公司制作
建工社（河北）印刷有限公司印刷

*

开本：787×1092毫米　1/16　印张：16¾　字数：410千字
2008年10月第一版　　2024年9月第二次印刷
定价：**68.00**元
ISBN 978−7−112−09337−3
　　　　(16001)

序

　　岭南庭园为中国庭园建筑艺术的一个组成部分，但也有其历史和地方传统特点所形成的独特风格。对此，学术界向来缺乏系统的调查研究与理论性分析整理。

　　解放后，由于党与有关部门的重视，1954年由华南工学院建筑学系教授夏昌世主持其事，对粤中庭园进行了一次普查工作。其后，广州市城市规划委员会莫伯治工程师等也进行了一些调查，并运用传统手法设计建造了北园、泮溪与南国等酒家。迨至1961年秋，又由华南工学院建筑学系及广州市城市规划委员会协作，再次进行了有系统的调查工作，并由夏昌世教授、莫伯治工程师合作编写了本书。

　　本书的编写是在实例调查的基础上，结合各方面收集的资料，较全面系统的整理、总结了岭南庭园建筑艺术的特点。因此，本书的编写，实可作为这一问题分析研究的开端，也可填补这一方面理论工作之不足。

　　本书共分九章，约十万言，附有详细插图及资料性照片等，对于庭园各方面论述甚详。

　　从建筑设计角度出发，作者在书中提出庭园与园林设计上的区别，并对庭园的构成与布局、空间组织及其艺术处理，结合实例进行了较详尽具体的分析。

　　造园施工，根据图纸只能确立一定的范围与轮廓，至于水石构筑，花木配植，尤其是"造景"安排和填充补缺等处理工作，务须假以时日，洞微观远，全面细致，才能收到预期的效果。在这方面，本书对庭园的优良传统手法，也进行了实事求是的综合具体分析，力求做到古为今用，所以同时也尽量介绍分析了一些解放后运用传统手法，结合新内容要求的造园实例，对于从事建筑设计，以及庭园规划和绿化人员，在吸收优良好传统和创造南方风格的实践上，有很大的启发作用。

再者，本书附有的大量实例图片，很大部分是具有文物资料性质的，质量上可能仍不够理想，但这些实例不少因年代久远，因而或荒废或拆毁或改建，而不复存在，即使某些重建修建的，对于去芜存精也存在不少问题，则上述图片就更见其难得与可贵。

以上为我个人对本书的一些看法，同时，也为本书的完成感到高兴。

陈伯齐*
1963年8月5日

---

*陈伯齐(1903—1973)广东台山人，1930年留学日本东京工业大学学习建筑专业，1934年转德国柏林工业大学建筑系学习，1939年毕业，翌年回国，创办重庆大学建筑系并任首届系主任。此后历任中山大学、华南工学院等校教授、系主任、中国建筑学会理事、广州建筑学会副理事长等职。一生主持、指导和参加的建筑设计达一百余项，发表著译及学术论文多项。

目录

第一章　岭南庭园概况

第一章　岭南庭园概况

　　岭南庭园，年代最古而尚有实物可稽者，有南汉时代创建的"仙湖"，到现在还遗留着一些残迹。在广州教育路南方戏院旁的"九曜园"(图1-1)，其中的水石景就是当时仙湖中"药洲"的一部分(图1-2)。它运用巉岩的湖石、小堤、石洲等景物，准确地衬托出"洲渚"型的特征。这可以说明过去岭南造园艺术已经具有高度的水平。宋明时代的"药洲"曾列为羊城八景之一，曾为士大夫们雅集之地(图1-3)；米襄阳在"九曜石"上题刻"药洲"两字，至今还保存下来。清代将"药洲"改名"喻园"，虽然兴替交迭，但仍具相当规模。园内设有八景，有图有咏志刻于石，可略悉当日概况。从残迹看来，其间运用体形巨大的湖石，晶莹洁白略带红络，嵌岩突屹，玲珑翠润，疏落散置洲

图1-1 九曜园平面

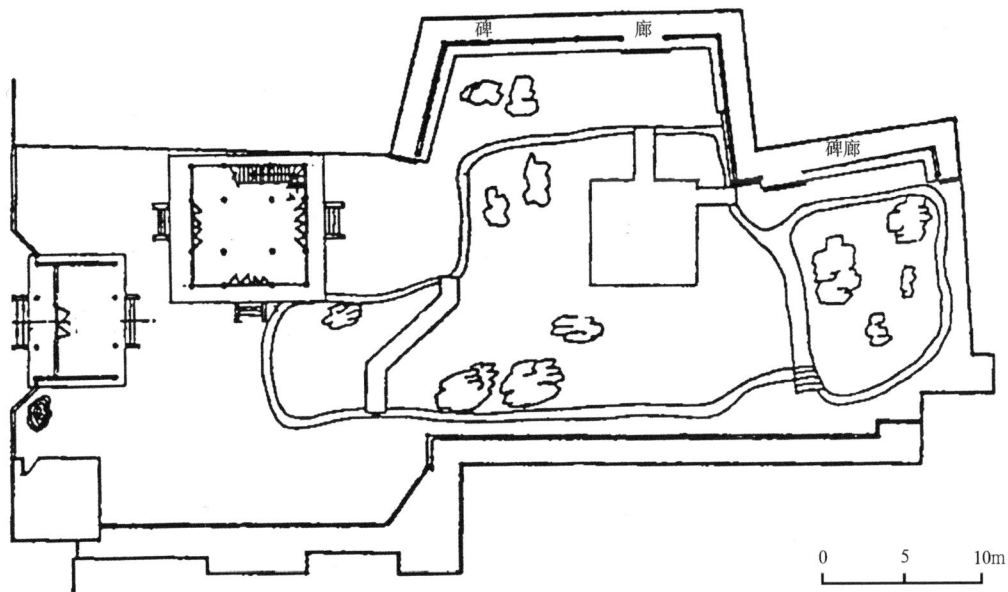

0　　5　　10m

图1-2 九曜园中的九曜石

渚之间，使水石造型清空古劲。自南汉迄今1000多年，园之兴废大概可考者如此，这部分水石景能够保存下来，在国内恐怕是罕见的例子。

岭南庭园为数众多，在明末清初仅潮州府城就有30多处，潮剧《陈三五娘》掌故中的黄碧琚母亲黄婆的花园就是其中非常出色的一处。现在还有一两处据说是明末遗物(城南书庄后园)，但已不可考证。至于清代遗例各地虽多，其中不少是具有一定艺术水平的佳作，但由于人事更迭，荒置日久，已不断损毁：如广州荔枝湾的海山仙馆、荔香园；花地的馥荫园(图1-4)、杏林庄；黄埔的小山园；顺德大良的飞盖园；陈村的竹坨园、小平泉；碧江的小蓬莱；龙山的邱园；中山石岐的清风园等，除有些尚留下图卷或题咏外，仅遗废址。有些侥幸保存下来，由于时久失修，亦日趋损坏，或仅余一些建筑，或只剩假山水石，亟待维护修理。现存较为完整的庭园，大小尚有30余处，年代可上溯至嘉庆、道光的无几，其余多为清末所建。这些庭园的分布，大都集中于粤中和潮汕两地。当然是由于这些地区过去的经济文化比较发达，而封建统治阶级的显贵、士大夫、豪富之流，也多在这些地区营构宅第。粤中地区庭园的地方风格较为突出，有代表性的要首推广州西关逢源北街84号的花园、佛山"群星草堂"、番禺南村"余荫山房"、顺德大良"清晖园"和东莞"可园"等。潮汕地区由于与闽南毗邻，关系密切，而闽南事物又多受江浙的影响，庭园

图1-3 药洲品石图

比较富于江南风味，如潮州的"城南书庄"、"梨花梦处"、"饶家花园"，澄海樟林的"西塘"，潮阳的"西园"等都是这一地区代表之作。

岭南庭园和全国各地的一样，过去都只是为剥削阶级所占有，因而在功能、结构意境和经营处理上都带有一定的局限性。旧的庭园大多数附于住宅的前后或侧旁，结合起居生活来布置；另外一些则附属于书院、寺观等，或者亦有专门设计作庄园。总之是以满足少数人的享受为目的。解放以来，新时代庭园的创

图1-4 馥荫园图(广东省博物馆藏)

作，是在运用岭南庭园优良传统的基础上，结合不同的使用功能，创造出不同类型的庭园，现在已经有了一些初步的实践经验。其中如新会城圭峰招待所、广州北园、泮溪酒家及越秀公园内"听雨轩"等，都是采用传统的造园手法来解决现代生活功能的一种尝试。在国民经济日益发展的前提下，结合新的内容和新技术的成就，岭南庭园将有更大的发展领域和光辉前景。只有在解放后，庭园才有机会为劳动人民服务，成为新社会文化与生活组成的一个主要部分。

第二章 岭南庭园特点

第二章　岭南庭园特点

由于地理关系，岭南与海外的交通往来远在唐代已甚频繁，外来文化接触较早，在造园方面也受到一定的影响。加上历来有其地方的传统爱好，以及手工工艺发达，故在工艺美术上形成了独特的风格，庭园装修显得通透明快，玲珑多彩。因气候温和，建筑一般比较开敞自由，内外空间互相渗透，园景的树石亦采用地方材料为主，使庭园的构成显出浓厚的南方风貌。因此岭南庭园除了具有中国庭园固有的共通特点外，形成了一种岭南的风格。这种风格的特点，通过格局、石景、建筑、装修和绿化等方面表现出来。

岭南庭园以双庭布局为多，规模亦较小，除个别如潮阳西园等外，空间处理一般比较平易，起伏不大，以清空平远为主。组景喜欢运用花木灌丛和散石，并相当注意庭园外边界空间和建筑群空间的安排。总平面也有吸取外来的布局手法，采用几何式图案、中轴线、对称的布局；亦有运用"连房广厦"作成组成群包围大院的处理。

石景的构筑技法和造型，与一般的"掇山"有所不同，如潮州筑山，喜运用大块而具有天然剥蚀表面的山石，形体沉实，古拙浑厚。广州的筑山技法主要是"石塑"：做法先以砖碌或顽石裹铁条做成胚(骨架)，然后用纹理清晰的英石石皮贴于骨架上，构筑不受石块的限制，因而山石形态可以随意塑造，拳曲飞舞，剔透玲珑。

庭园建筑在类型上的选用，拘束不大，变化亦多，如创造一些新的类型，吸取外来的建筑形式和运用某些罕见的建筑类型等等。平面处理则适应气候条件，极力创造开敞通透，并运用多式多样的手工艺和地方特有的材料，使建筑的立面和色调轻松明快、活泼雅丽。

单就庭木花卉品种方面来说，岭南有很多所谓"乡土树"，如榕树、红棉、乌榄、人面(银稔)、水松、黄兰、白兰、米仔兰、鸡蛋花、鹰爪、炮仗花等等，不但冬夏长青，而且树态奇丽、色香俱妙。南方果木，如荔枝、龙眼、芒果、杨桃、香蕉等，常为庭园中最好的绿化材料。庭园景物有时亦以花木作为主要构成，从馥荫园及喻园(九曜园)的图卷或碑刻可以看出，这些园的内庭空间构成还是以绿化为主。绿化与石景之不同，是静与动、凝固静止与孕育滋长的区别。绿化空间四时都在发生变化，一年到头尽是香花绿树、万紫千红，因而使得岭南庭园清新活泼的气氛更为突出。

部分岭南庭园一览表

	园名	所在地	年代	庭园现状	使用现况	附注
1	九曜园	广州教育路	南汉	仅余水石残迹	附入南方戏院花园	南汉时代"仙湖"的药洲，宋为"环碧园"，清为"喻园"，有碑刻图咏
2	飞园	广州六榕路		大部分已荒废	宿舍	有"美女梳妆"石景
3	盛宅小院	广州文德路清水濠		已毁		
4	北园酒家	广州小北花圈	1957			
5	银龙酒家	广州西关宝华路				雅集园故址，解放前改为酒家，1962年修理及扩建，有"阁亭"及入口处迎宾石
6	小画舫斋	广州西关逢源大街21号	清末民初	破旧，部分较完整	广东木偶剧院	
7	某宅花园	广州西关逢源北街84号	民十年间	破旧，石景尚完好	幼儿园	有"风云际会"石山，西洋古典式水阁
8	泮溪酒家	广州西关龙津西路	1959			
9	海山仙馆	广州西关荔湾涌附近		不存		有图卷
10	荔香园	广州西关荔湾涌附近		已毁		
11	纯阳观	广州河南漱珠岗	道光年间	较完整	仍为道观	
12	馥荫园	广州花地		不存		广东省博物馆藏有图卷
13	杏林庄	广州花地	道光年间	尚有遗基残迹		有《杏庄题咏》

	园名	所在地	年代	庭园现状	使用现况	附注
14	小山园	广州黄埔		不存		有《小山园图咏》
15	萝峰寺	广州萝岗洞		较完整		解放后修理
16	余荫山房	番禺南村	同治年间	较完整		
17	群星草堂	佛山先锋古道梁园内		较完整	佛山医务工作者协会	被误称为"十二石斋"
18	云泉仙馆	南海西樵山		完好	作为地方文物保存	解放后修理
19	白云洞	南海西樵山		完好	招待所	解放后修理及扩建
20	荡云	新会城柱石里杨宅	清末	部分完整	新会体育工作者协会	有散理石庭
21	圭峰招待所	新会城	1960年			
22	邱园	顺德龙山		有遗基残迹		有《邱园八咏》
23	小蓬莱	顺德碧江		已毁		
24	竹圮园	顺德陈村	同治年间	不存		
25	小平泉	顺德陈村		不存		
26	飞盖园	顺德大良		已毁		
27	清晖园	顺德大良	道光年间	完整	招待所	1959年修理及扩建,将楚香园、广大园并入
28	楚香园	顺德大良				
29	清风园	中山石岐		不存		有图卷
30	可园	东莞博下	咸丰六年	较完整		有《可园遗稿》、"狮子上楼台"石景
31	道生园	东莞下关道富巷	咸丰年间	部分荒废	民居	
32	梨花梦处	潮州中山路廖厝围8 9号	道光年间	较完整	民居	
33	城南书庄	潮州太平路569号	明末清初	较完整	城南小学	
34	半园	潮州太平路甲第巷4号	民初	较完整	民居	
35	饶宅秋园	潮州王厝堀池墘10号	1922年	较完整	民居	
36	王宅后花园	潮州下东平路305号	1931年	较完整	民居	
37	某宅内庭小院	潮州王厝堀池墘14号		较完整	民居	"大厝书斋建"形式的住宅
38	西塘	澄海樟林	嘉庆初	较完整	民居	
39	西园	潮阳城西	光绪年间	较完整	招待所	俗称为"水晶宫"
40	磊园	潮阳南港脚亭7号耐轩内	1914年	较完整	县科协	

第三章　庭园布局

第三章　庭园布局

　　岭南庭园规模比较小，而且多数是和居住建筑结合在一起。为了便于分析问题，在谈布局之前，先对"庭园"与"园林"两个名词在含义上的区别，略加辨析。我们认为，这两者的区别，主要应从功能上来分析。

　　庭园的功能以适应生活起居要求为主，适当地结合一些水石花木，增加内庭的自然气氛和提高它的观赏价值。因而一般来说，庭园的空间是以建筑空间为主，山、池、树、石等景物只是从属于建筑的，假设将建筑环境抹去，园景就会失去构图的依据，水石花木也就不成为"景"了。人们欣赏庭园中的景色，常以"静态"的观赏为多，结合日常起居生活，停留在三两"点"上来欣赏一些特意创造出来的"对景"，所谓"开琼筵以坐花　　"，正好说明庭园布局上的这一特点。换句话说，这就是将居室的空间和自然的空间结合为一体的布局目的。

　　园林应有的功能则为供人游憩玩赏，规模较宏大，人们进入北海公园或者颐和园，目的就是游览，因而随处要创造"风景"来切合要求。园林的空间结构是以自然空间为主，要追求风景"点"、"面"的造型格局，建筑只不过是园内景色的"点缀物"，从属于自然空间环境。虽然建筑成组成群，亦不过是"园中有园"（园林中有庭园）的局面，园内布景的安排，始终是通过一条"动态"的游览路线组织起来的。

　　在总的关系概念上，园林和庭园主要区别是：建筑空间和自然空间主次关系不同，规模大小不同，风景线的组织"动"与"静"各异等等。这些不同的因素，决定了设计的方向。因此，我们认为"庭"是庭园的基本组成单元，由几个不同的"庭"组合成为一座庭园，而建筑、水石和绿化则构成"庭"的空间。由于上述庭园的关系及性质，所以庭园布局就得先从"庭"的种种问题谈起。

庭的类型与构成

不同的景物，构成各种不同的"庭"，其类型大致可分为平庭、石庭、水庭、水石庭和山庭5种。

1.平庭

平庭主要为厅堂的前庭，接近日常的起居生活，建筑的气氛较浓厚，一般地势平坦，阶前有铺砌，由于景物繁简不同，可分为两种格式。

(1)摆设式的平庭　在庭院内、厅堂前，布置一些花台、莲缸或矮栏、花基，设一两枝石笋，栽几株桂花、玉兰之类的名贵花木，是"金玉满堂"的配景方法。樟林"西塘"花厅的前庭，就是在"抱印亭"前面，沿照墙正对花厅插石笋2枝，缀以花卉，两旁矮栏分列，芳草平铺，布局整齐匀称，属于建筑气味较浓的格式。

(2)水石对景式的平庭　这种布置多用于规模较小的庭园中。在庭院的前面，主要靠照墙布置一些石组灌丛，甚至小溪、桥、亭等，规模都很小，所占院子的面积也不多。如潮州太平路甲第巷4号的"半园"，实际是住宅前庭性质，面积仅70m²，厅堂为三开间，正间前附"拜亭"，沿照墙堆叠几组石景，旁有小径临溪，逶迤至西南隅高处设六角小亭。阶前余地较多，坐亭对景，颇为雅致(图3-1、图3-2)。

2.石庭

石庭是以山石为景物的庭，可分散石和叠山两种格式。

(1)散理的石庭　佛山"群星草堂"的石庭，以散理石组为主要景物。在苑道的当眼处，配置一些峰形的立石，或大小组成的峦石，缀以棕竹灌丛，树石掩映，给人以一种联想：好像除了峰峦散石露土之外，还有盘岩石根在下，毫无做作，意态天然。庭南堆土成台，类似"平岗小坡"，沿坡脚散理英石，有"未山先麓"的境界，潇洒别致。整个石庭运用石料不多，由于石的形态和纹理古雅优美，位置得宜，环境衬托恰当，更觉幽雅自然，像这样的例子，在国内也恐是罕见的。

(2)叠山的石庭　潮阳"磊园"的内庭景物，是以山石堆叠

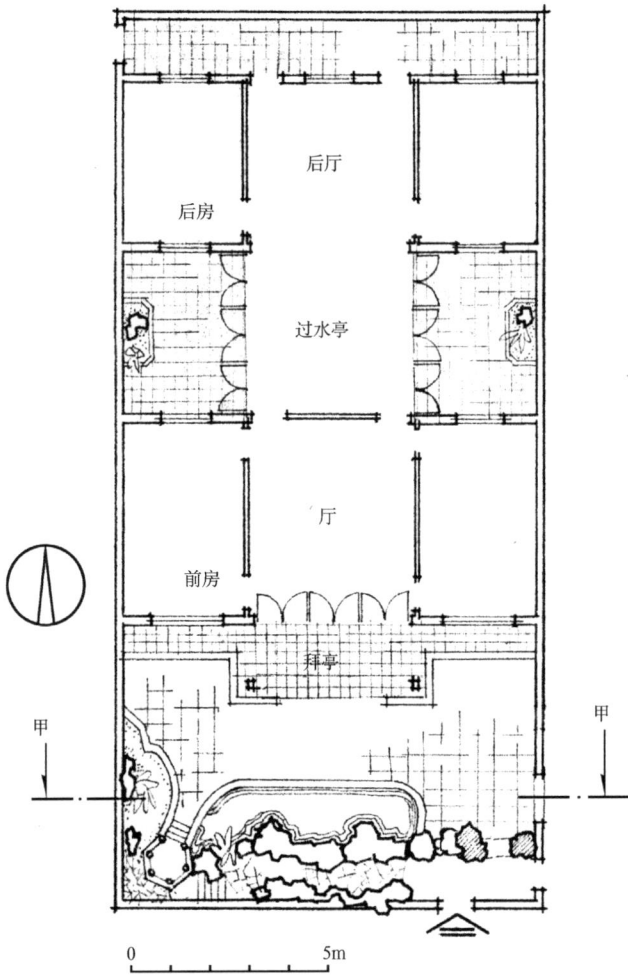

后厅

后房

过水亭

厅

前房

拜亭

甲

甲

0　　　　　　5m

图3-1 半园平面

图3-2 半园剖面(甲－甲)

0　　　　　　5m

石景，构成巉岩起伏的空间。庭内有古朴和老榕各一株，虬根箍石，盘屈萦纡。朴树后有两层的洞房，为普通房屋的构造，外用山石贴叠，沿小径拾级登房顶平台，俨然山巅。全庭面积约100m²，尽为假山所占有(图3-3、图3-4)。由于楼厅过于迫近石

图3-3 磊园剖面　　0　　　　　5m

图3-4 磊园一角

景，有意识地将房屋的前阶筑低，扩大空间的起伏，使人觉得山高屋卑，手法颇妙，可惜砌叠技法未能掌握石料的特点(用多种石，主要为花岗岩山石)，造型有点夸张，"刀山剑树"，殊不自然。

3.水庭

面积不大的内庭小院，筑山容易拥塞，若水源可以解决，不如用水局来扩大空间，更觉清空平远。水庭的特点，是水面在庭园中占的面积较大。由池塘结合建筑构成的庭园，一般亦可以称为"池馆"，不过规模有大小，建筑的配合有疏密，其中可分成下述几种格式。

(1)内院式水庭　简单地说就是"水天井"，四周有建筑包围，如广州清水濠盛宅书偏前院(已毁)，面积只有20m²，基本上挖作水池，池岸墙角之处原有古槐一株，散列一些石景，局面虽小，但寄意深远，给人以优美雅致的感受(图3-5、图3-6)。另外西樵山"云泉仙馆"，在山门与大殿间的院子内，两旁贴墙栽竹，

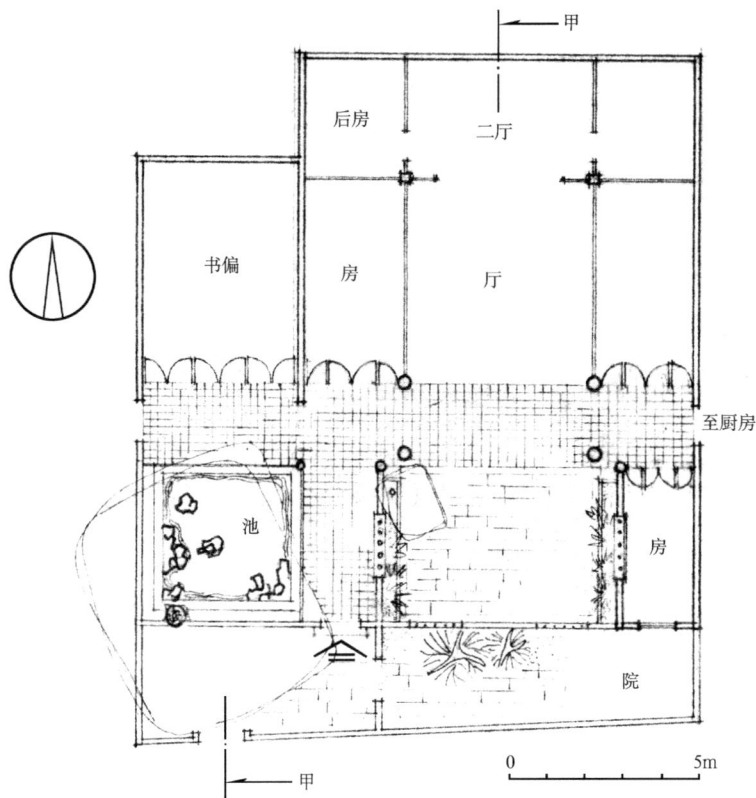

图3-5 清水濠盛宅平面

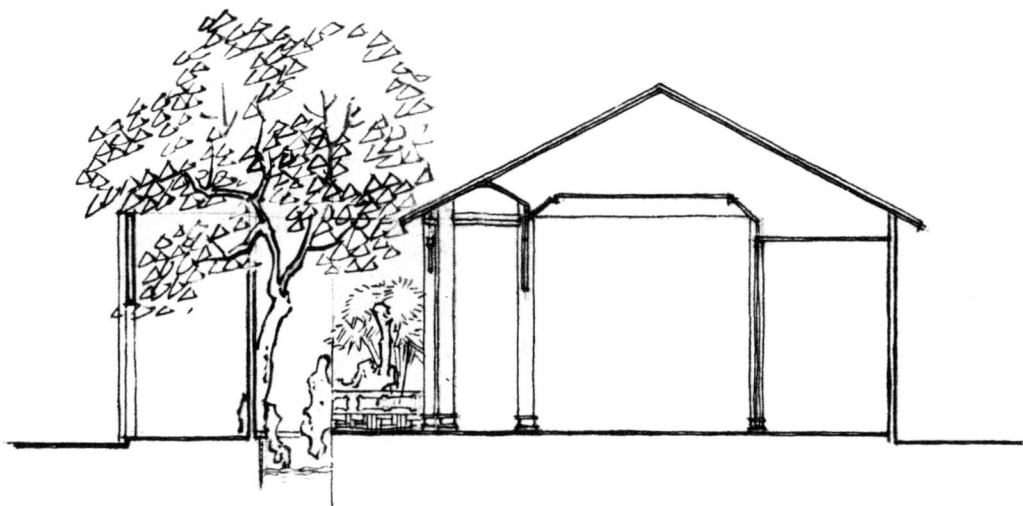

图3-6 清水濠盛宅剖面(甲-甲)

中挖方池，有石板桥隔池为二，其中泉水清沏，游鱼可数，并以大缸植莲花置池中，调子清新雅致。大殿高出桥面九级，石桥低平水面，扩大内院的起伏，既显得内庭空间清空平远，又觉得大殿雄伟庄严(图3-7～图3-9)。

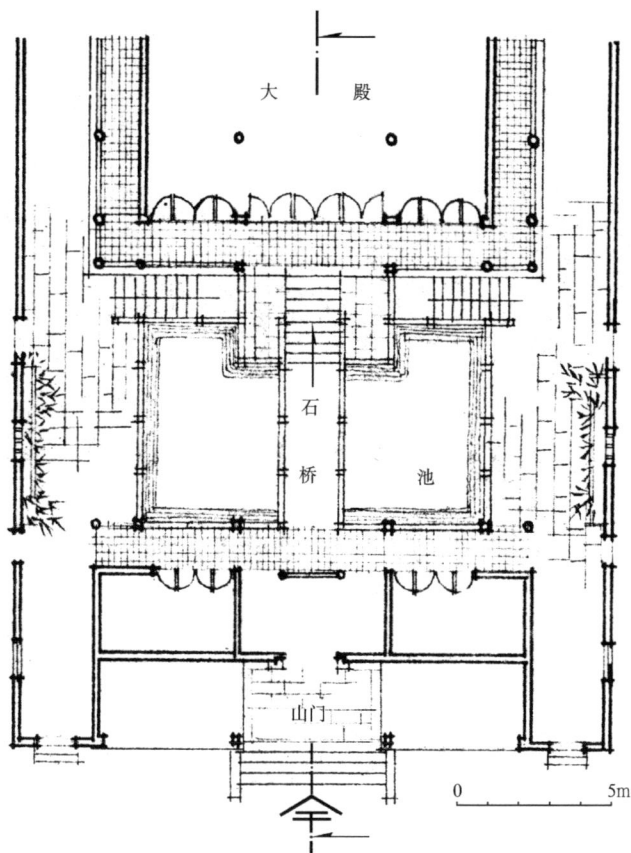

图3-7 云泉仙馆平面

23

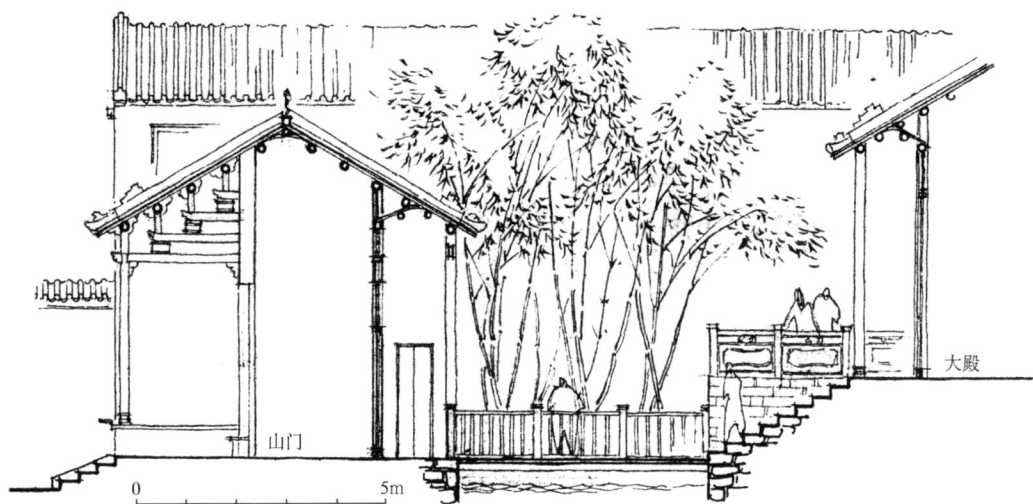

图3-8 云泉仙馆剖面

大殿

山门

0　　　　　　5m

图3-9 云泉仙馆水庭

(2)池塘式水庭 水的局面一般较为开朗，如大良清晖园的方塘及佛山群星草堂的池塘均属于这一类。特点是水面比较大，临水建筑作为水景的衬托，一般为亭榭之类的小型建筑，疏落参差，突出水面。水岸结合桥堤树石，和陆上空间互相渗透，构成疏朗平远的内院空间。

(3)山塘式水庭 这种水庭结构，仅见于山坡地势的庭园，如广州市郊萝峰寺(图3-10～图3-12)及广州河南漱珠岗纯阳观(图3-13、图3-14)的内院，主要是在较陡的斜坡上挖堑筑坎，蓄水

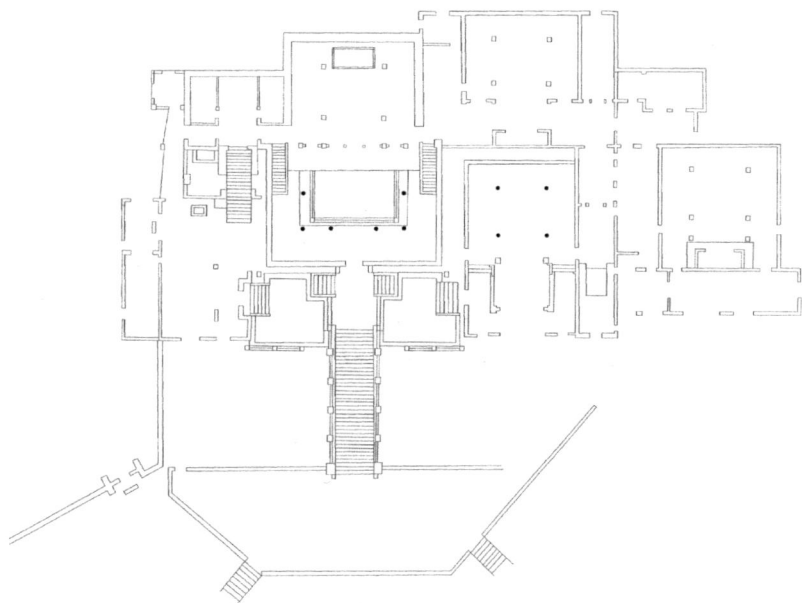

图3-10 萝峰寺玉嵒书院平面

图3-12 萝峰寺玉喦书院水庭

图3-11 萝峰寺玉喦书院剖面

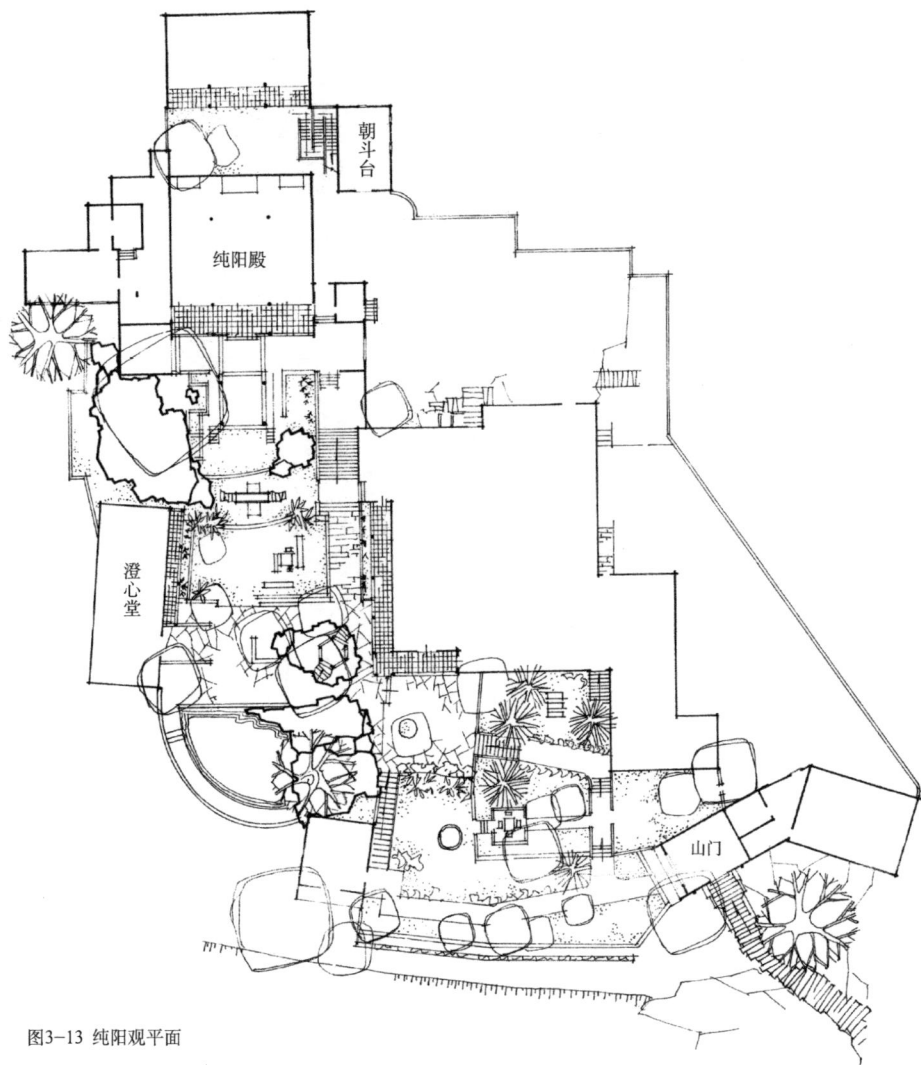

朝斗台

纯阳殿

澄心堂

山门

图3-13 纯阳观平面

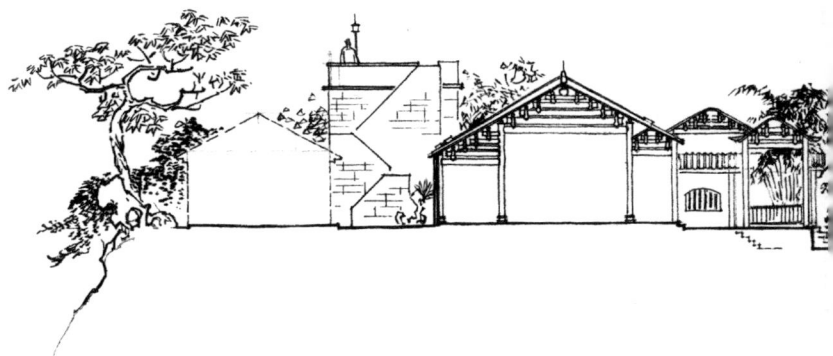

图3-14 纯阳观剖面

作池，周围房舍则建筑在不同标高的地段。

4.水石庭

水石庭的特点是不论水面的大小，运用石景和建筑衬托出不同水型的特征，如壁与潭、石与溪、山与池等。由于水面的大小、石景的高低、建筑的疏密等关系，水石庭的布局方法基本有两种格式。

(1)疏朗的水石庭　潮州太平路城南书庄的后院，是以水池为主、石景为辅的水石庭，面积仅70m²，水面约占大部分。池略作曲形，周围绕以矮栏，池西有石矶峭竖水面，东北角夹巷处设澳口，与池相连贯通，上跨小石拱桥。池底成级状，沿池边略浅，当中较深，可以限制荷菱滋生满布，亦是种莲之一法。厅堂背面临池，正间有"过墙亭"凸出，造型优美，显然是水榭的格局。池东地势稍为起伏，沿后院墙叠石数组，缀以棕竹，并有意识地将石景座基提高(高出苑道50cm)。隔池眺望，山高水低，树石掩映，加以池岸曲折，形成开朗深远的局面，从而扩大了内庭空间感觉(图3-15～图3-17)。

(2)幽邃的水石庭　庭的主要景物为石景，水面较小，从实例看来，多为壁潭或山溪一类的水型。如潮州王厝堀池墘饶家花园的秋园，穿过花厅前院东墙月门，进入以山溪水型为主的水石庭。沿院墙有径临溪，折往东路渐陡，至东南隅置六角小亭，背

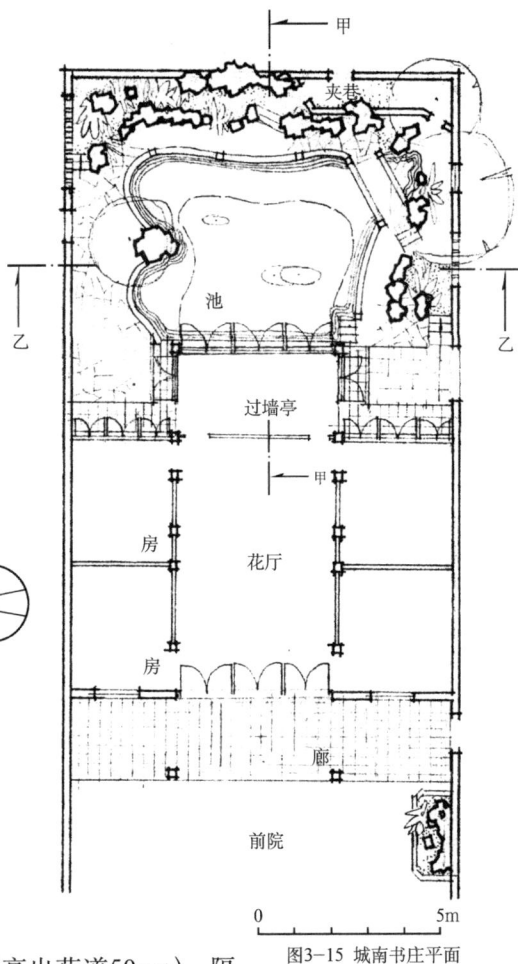

图3-15　城南书庄平面

50
0   1   2m

图3-16 城南书庄水石庭剖面(甲－甲)

50
0   1   2m

图3-17 城南书庄水石庭剖面(乙－乙)

石面水。出亭经小径，两旁石势岩巉，靠墙尽作壁山，奇峰危崖，状若倾覆；临水则峦石错列，为岩为穴，垂悬水岸，幽邃曲折。北行山径忽尽，断处通桥，斜接对岸，至是山势崛起，贴墙设石梯，可登屋顶平台，梯侧有石门洞，为"云楼轩"入口处。轩前有小院，如处岩洞中，东侧构书屋，接山临水，《园冶》云："更以山石为池，俯于窗下，似得濠濮涧想"，与此间境界正相仿佛(图3-18～图3-22)。

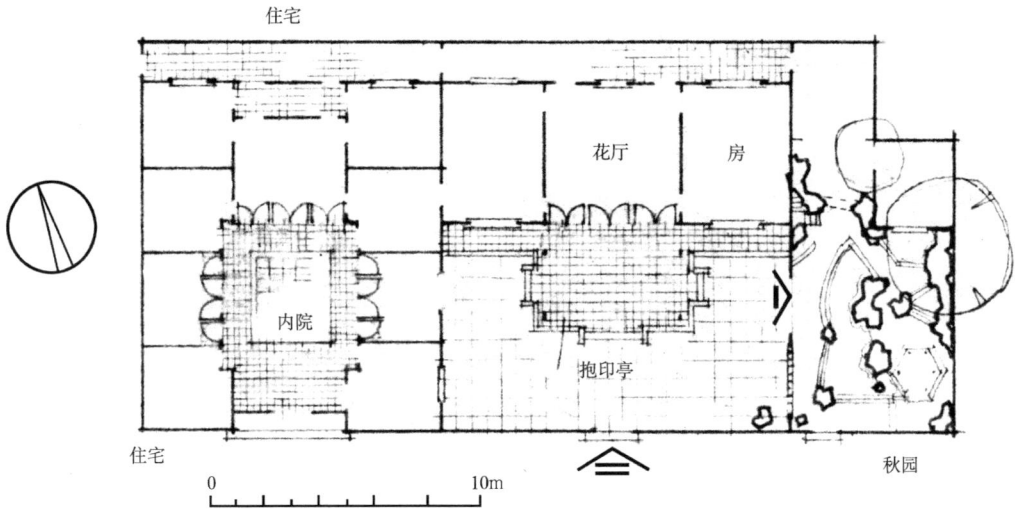

图3-18 饶宅总平面

住宅

花厅　房

内院

抱印亭

住宅

0　　　　　　　　　　10m

秋园

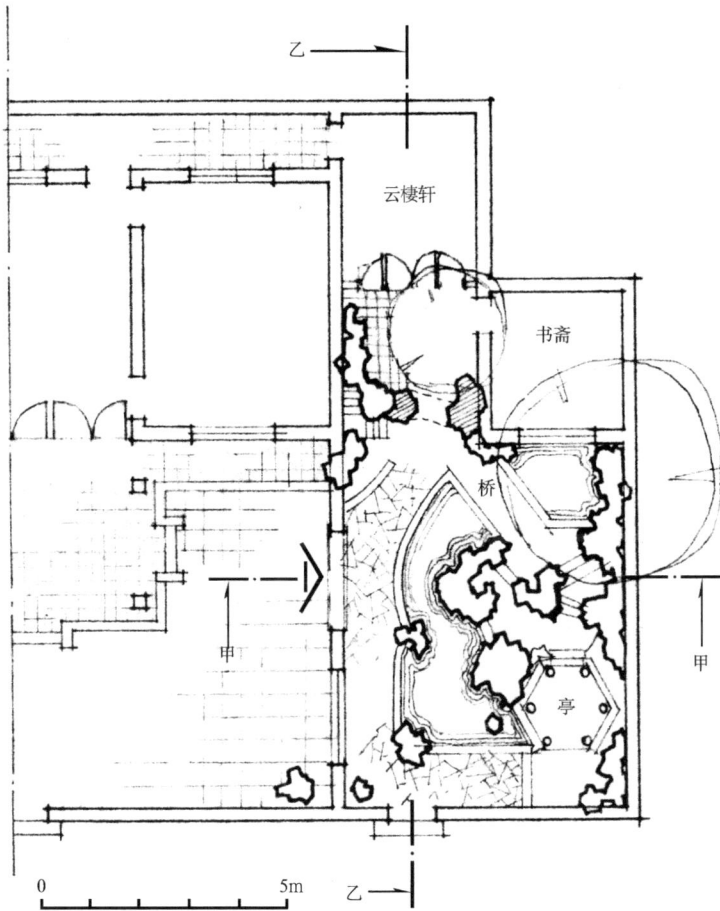

图3-19 秋园平面

乙

云棲轩

书斋

桥

甲

甲

亭

0　　　　　　　5m

乙

0　　　　　　　　　　5m

图3-20 秋园剖面(甲－甲)

0　　　　　　　　　　5m

图3-21 秋园剖面(乙－乙)

5.山庭

山庭因地势而依山筑庭，多为庙宇寺观的庭院，常位于山水名胜地区。就形势的高低差设坎筑台或建亭榭，是《园冶》所谓"山林地"庭园之一类，其中因坡地或陡或缓，筑法也就各有不同，根据实例有陡坡山庭和缓坡山庭的分别。

(1)陡坡山庭　南海西樵山白云洞的山庭，依陡坡地势构筑，全庭彼此高差很大，因而无须像平地造园那样采用扩大空间的手法(图3-23、图3-24)。从这里得到一些依山筑庭的体会，大概有3个问题要处理：a.将山坡的空间周围约束一下，构成一个内庭的

图3-22 透过月洞门望秋园

感觉。b.将庭内陡斜而又单调的地形，加以适当处理，显得丰富
多姿一些，做成坡上有台阶、磴道，有斜面，也有横线条。c.由
内而外，层层借取外景。

白云洞山庭的空间界限：东面为分级建筑的"舜琴小筑"和
"守真阁"等小楼，西面是"载云精舍"，北面坡脚临崖建船厅
"一棹入云深"，坡顶为崖壁。庭内除船厅前约5m宽的平地外，
其余尽是陡坡；只得开山作级筑坎，设磴道、步顿及平台等接东
面的小楼，至坡顶为壁下山径，旁有台，筑"唾绿亭"，穿亭与
"载云精舍"的磴道相接。坡地满布竹木，与山径台阶穿插掩
映，在"翠筠密茂之阿"，隐约露出小楼一角，构成层次高低、幽
邃雅致的园景。

崖

脚

永春园

守真阁

睡绿亭

舜琴小筑

船厅
"一棹入云深"

小厅

平台

图3-23 白云洞平面

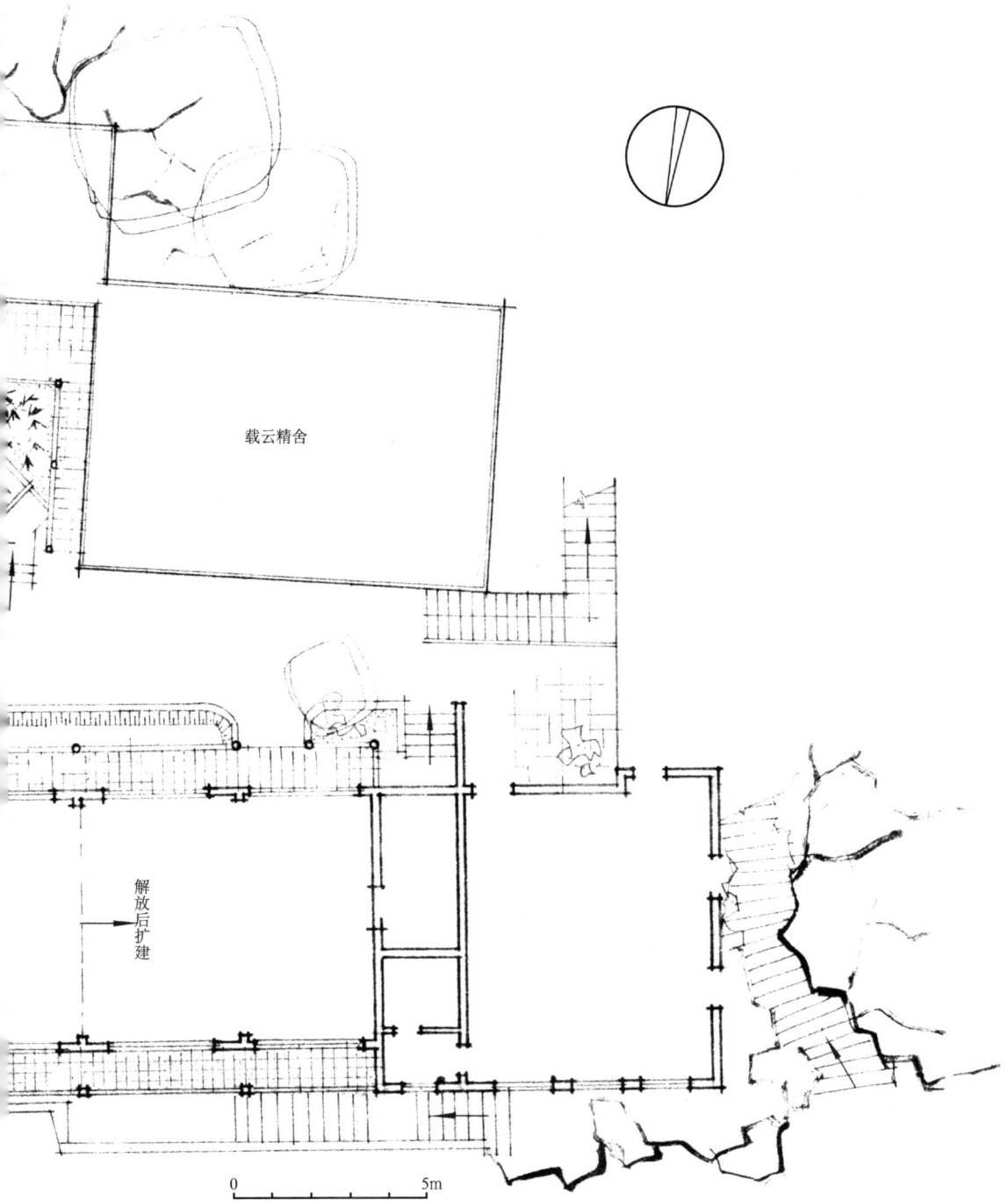

载云精舍

解放后扩建

0   5m

图3-24 白云洞山庭

(2)缓坡山庭　依缓坡地势，分级、分台阶来建筑房屋和布置庭园，如广州河南漱珠岗纯阳观的山庭属于这一类。入门为一些台阶小院，转至殿前山庭，左右两厢分级建筑，并虚前作爬山廊。庭亦分作台级，前部筑坝为池，后部石蛋遍布，盘岩露根，意态古拙。循廊登殿前石台，上建香亭，凭栏眺览，园景尽皆入目。

庭的平面与组合

庭园是由几个不同类型格式的庭组合而成，所以"庭"是庭园的单元结构之一，因而庭园的平面布局关系可从下列几方面来说明：

1.庭与建筑的位置关系

由于庭不能脱离所在建筑环境的衬托，经常都是在建筑物的前后左右，或者当中，因而在位置上可以分为前庭、后庭、中庭和偏庭几种关系(图3-25～图3-27)。

(1)前庭或后庭　前庭或后庭简单地来说：就是厅堂前面或后面的院子；一面是厅堂，对面为照墙或后院墙，左右为两厢或院墙。潮州的庭园，有时花厅正间凸出一座方亭，如在前庭称做"抱印亭"，在后院叫"过墙亭"。半园、西塘等平庭是花厅的前庭；城南书庄水石庭为花厅的后庭，俗称后花园。

(2)中庭(亦称内庭)　庭院夹在对朝厅堂当中，左右为廊、为院墙或两厢所构成的方形内院。如潮州王厝堀池墩14号某宅的内院及西樵云泉仙馆的水庭等均属于中庭结构。

(3)偏庭(亦称便庭或侧庭)　在房屋的侧旁或靠建筑物的山墙，如饶家花园的水石庭是紧靠住宅东面的山墙；群星草堂的水庭则在船厅的侧面，故亦称这类庭院为东花园或西花园。

2.庭的平面

庭的平面处理因地形而异，没有固定的程式，《园冶》关于园地有："如方如圆，似偏似曲，如长湾而环壁，似偏阔以铺云"

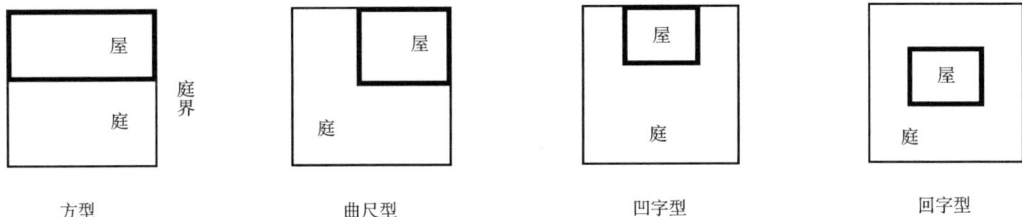

方型　　曲尺型　　凹字型　　回字型

图3-25 庭的平面类型示意

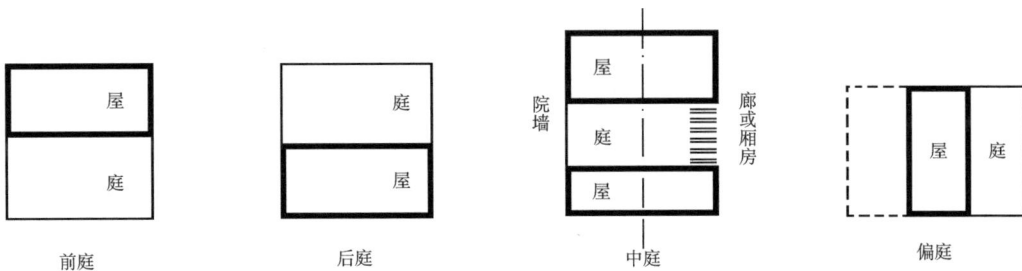

前庭　　后庭　　中庭　　偏庭

图3-26 庭与建筑的位置关系示意

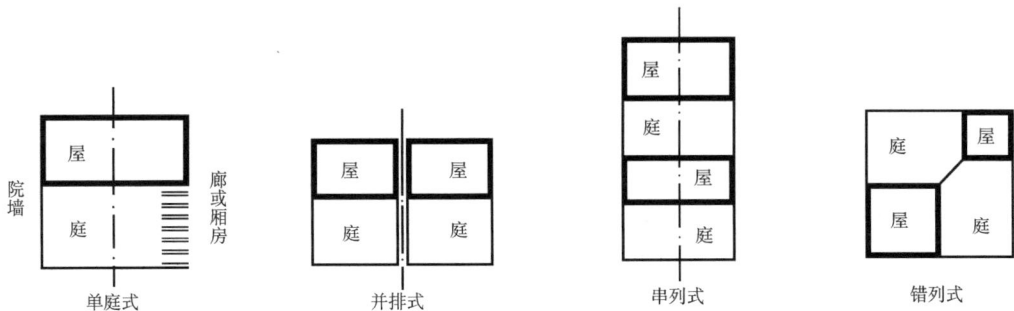

单庭式　　并排式　　串列式　　错列式

图3-27 庭园组合示意

的说法，本来就是灵活变化的。但"庭"一般是以建筑作为界限，由于建筑物的平面轮廓关系，大体上形成几种常见的平面(图3-28)。

(1)方庭　院子周围由方整的建筑作边界，构成方形的庭；厅堂的前后庭以方庭居多(尤其内院的庭)，并且一般为平庭类型。

(2)曲尺庭　建筑偏于院子之一隅，主要由于没有空间过渡，构成了庭为曲尺形的平面，如广州逢源北街84号，楼房处于地段的东北隅，曲尺庭在住宅前(南部)为平庭布置，旁侧(西部)是水石局(图3-29~图3-32)；大良清晖园中部厅堂前面的庭，基本也属曲尺形的处理，但划分为3个平庭。

(3)凹字庭　潮州的平庭，由于厅堂的正间常凸出"抱印亭"(或戏亭等)，使庭的平面作凹字形，如"梨花梦处"两个平庭都是凹字形，结构颇为别致；东莞道生园的"问花小榭"的庭，也是凹字形的平面。

(4)回字庭　建筑物在庭的当中，四周为庭所环绕，成回字形的平面，如余荫山房的水厅，建在水庭中央。

3. 庭园的组合

庭园往往由几个不同类型或者是同类型而不同格式的"庭"

图3-28 庭的平面类型示例
a.曲尺型(广州逢源北街84号)
b.凹字型(东莞道生园)
c.凸字型(澄海西塘)
d.回字型(番禺余荫山房)

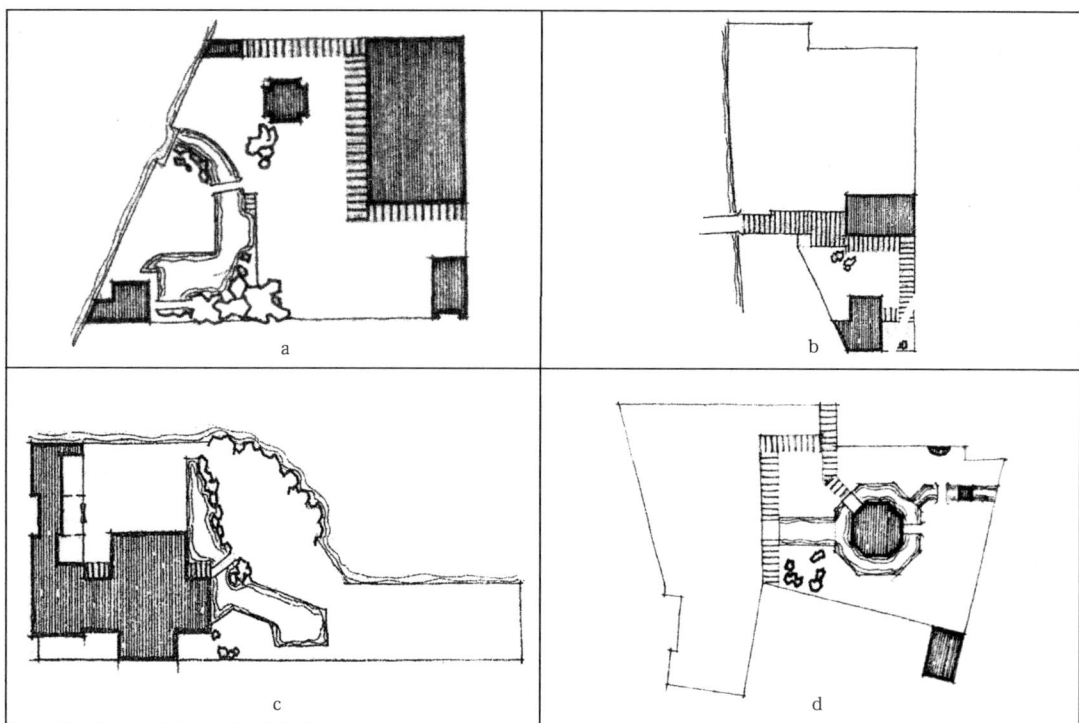

甲

荔

水闸

涌

湾

"狮子滚球"

小榭

二乔石

住宅

溪

乙

乙

水闸

水门

甲

"风云际会"

0   5m

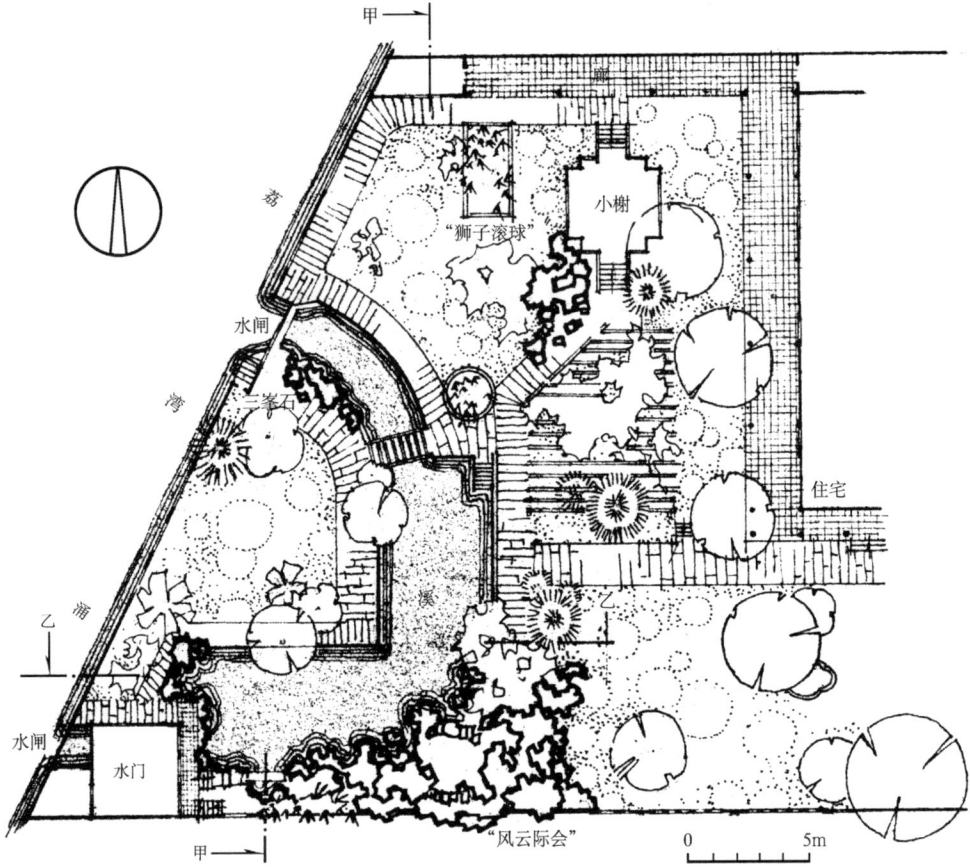

图3-29 逢源北街84号某宅花园平面

图3-30 逢源北街84号某宅花园剖面(甲－甲)

5m

图3-31 逢源北街84号某宅花园剖面(乙-乙)

图3-32 从外部(荔湾涌)透过围墙看逢源
北街84号某宅花园

组合而成(图3-33)。这样庭园的景色才有变化，丰富多采，而不致于单调乏味。其中有些"庭"是重点布置的，作为庭园主景的所在，其余则比较简单平易，起到辅助作用，构成了有主有次，协调统一的局势。至于庭的组合，当然变化尚多，但大致可以归纳为下列几种类型：

(1)单庭式　最简单的结构，就是一所庭园只有单一个庭，如上述半园的前庭、城南书庄的后庭等。

(2)并排式　如果庭与建筑物都是平行并排的，这就形成并排的庭园结构，例如"梨花梦处"是一个前庭和一个中庭并排的庭园；广州北园酒家的庭园则为东西两排对朝厅堂的中庭并排结构(图3-34、图3-35)。

(3)串列式　在狭长形的地段，纵轴南北向，为了争取建筑向南，将地段分成数截，在适当的间距布置建筑物，一幢隔着一个内

图3-33 庭园组合示例
a. 双庭并排的组合(潮州梨花梦处)
b. 双庭并排的组合(番禺余荫山房)
c. 双庭串列的组合(潮阳西园)
d. 双庭错列的组合(佛山群星草堂)
e. 双庭错列的组合(东莞可园)
f. 双庭错列的组合(澄海西塘)
g. 多庭综合的组合(顺德清晖园)

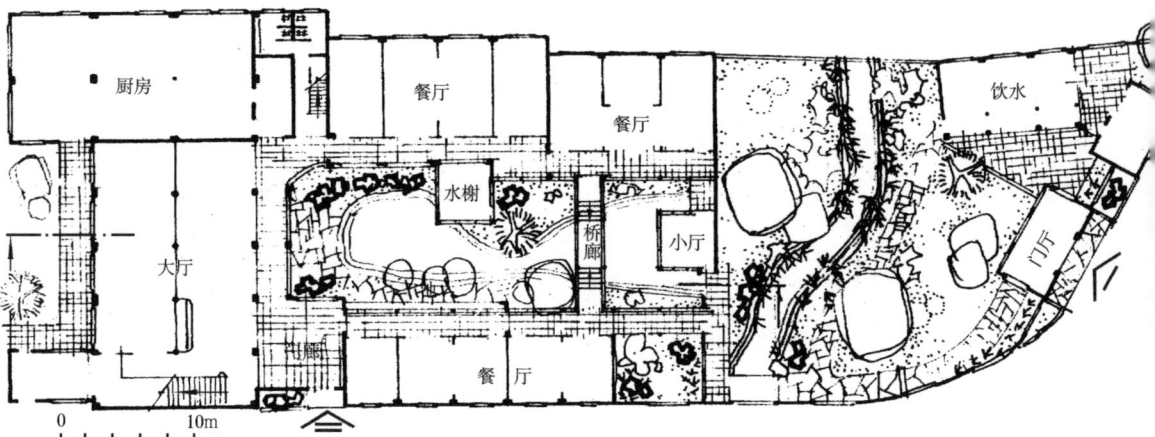

图3-34 北园酒家平面

图3-35 北园酒家剖面

院，如潮阳西园、花地杏林庄(已毁)等，都是串列式的庭园结构。

(4)错列式　在宽阔和较方整的地段，为了使庭园布局有些曲折，空间结构较为深远而又有变化，将建筑物对角错列，因而所对着的庭也是错列的。如群星草堂的石庭和水庭，西塘的平庭和水石庭，可园的两个平庭，都是错开布置的。

(5)综合式　在规模较大一些的庭园中，庭的组合也就比较复杂，常常包括几种结构形式。如泮溪酒家是由两组串列式的庭构成一座田字形的庭园；清晖园则由并排、串列等形式组合而成；广州西关逢源大街21号小画舫斋则为中庭并排和错列式的综合(图3-36)。

另外有一种庭园的形式，基本上也属于综合式的布局，结合住宅平面组织，错落穿插若干内庭小院，为中庭、偏庭，或为前后庭院。有时亦只像个小天井，其中布置一些水石花木或盆栽，构成居室的关系非常潇洒雅致。潮州称这种平面布局为"大厝书斋建"。

王厝堀池墘14号某宅是这种格局的典型例子(图3-37)。群星草堂东西对朝厅堂当中插入一座过水亭，隔内庭为二，另外小画舫斋第一组房屋的内院天井等，都是属于这种类型的处理，既可增加居室的自然气氛，亦可解决内部的通风透光。这种运用内外空间关系的渗透手法，是中国居住建筑设计最优秀的传统手法。

4.庭与庭的空间过渡

一所庭园之中，虽然包含着几种不同类型和格式的庭，但相互间是互相补充、不能截然分开的，因此庭园布局关于庭的组合问题，除了组合的形式外，进一步是庭与庭之间的空间过渡问

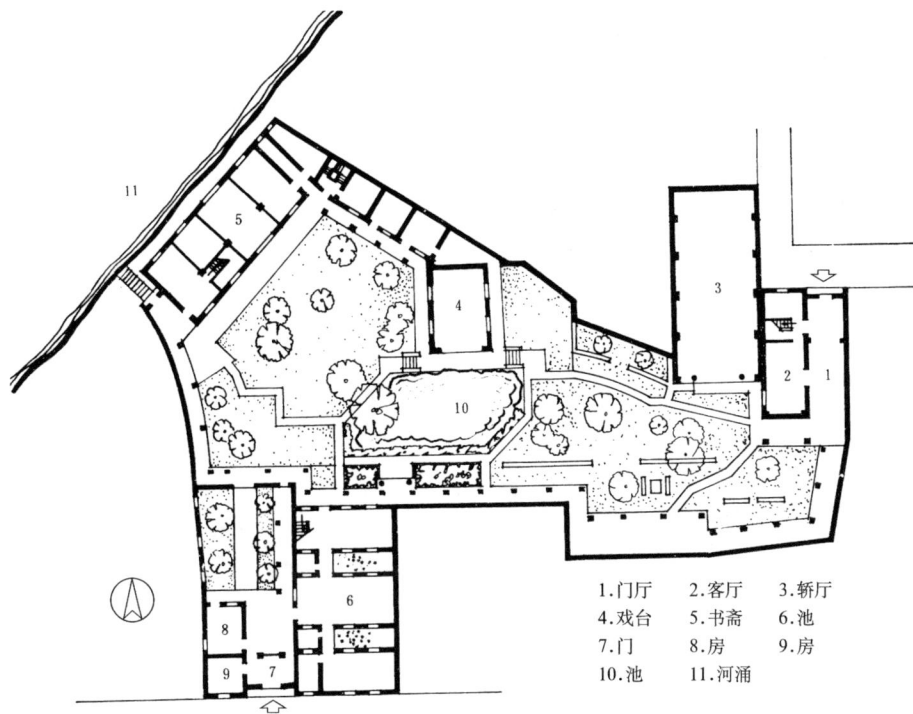

1.门厅	2.客厅	3.轿厅
4.戏台	5.书斋	6.池
7.门	8.房	9.房
10.池	11.河涌	

图3-36 小画舫斋平面

题。从一个庭到另外一个庭都要有一定的过渡空间，要求既不要将两个庭绝对地隔绝开来，但也要有一定的分隔。因而要采取一些空间处理的方法，使人们透过这些空间，不知不觉地从这一个庭转入另一个庭，在感觉上有变化，引起不同的感受。从实例所见，运用的手法大概有下列几种：

(1)空间分隔　两个景色截然不同的庭，如潮州饶家花园，一为平庭，另一为水石庭，而景物之间又没有什么可互相资借。因此，在两个庭当中用一道围墙分隔开来，设月门洞，使两庭既分

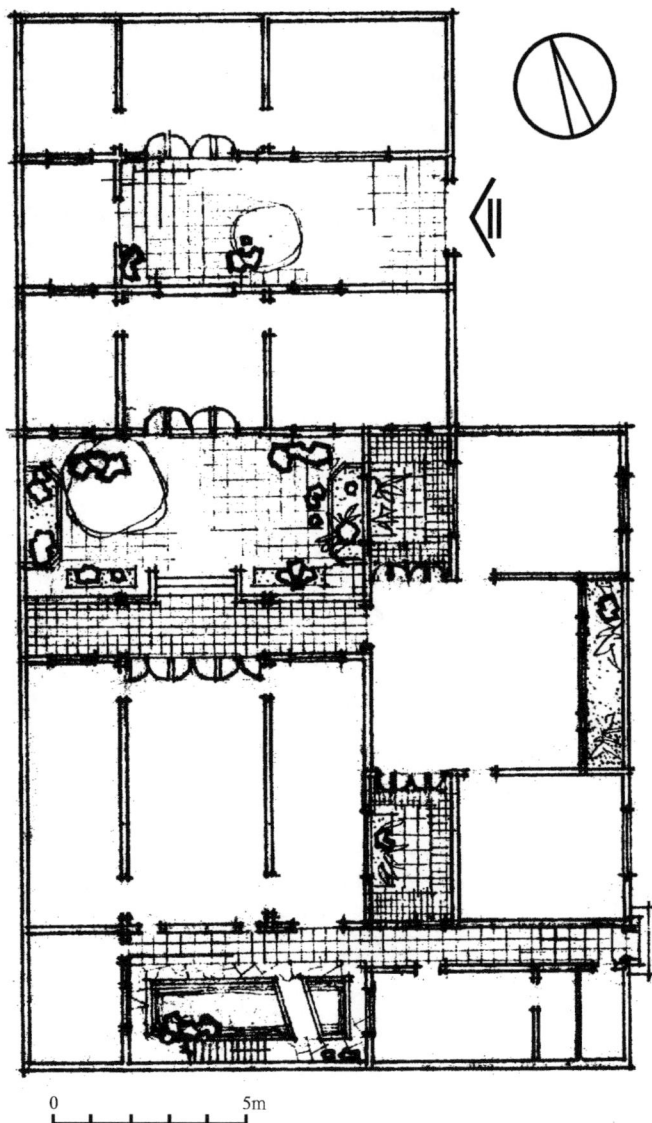

图3-37 潮州王厝堀池垅14号某宅平面

0   5m

隔又相通；从平庭透过月洞望向水石庭，构成一幅优美的框景。又如泮溪在门厅后庭和北院之间隔以小花厅，在厅的西侧有暗廊通西庭，从暗廊南望，可以看到小花厅前面的水石对景。这些框景和对景的运用，也就是在空间分隔上的既分又合，既隔又通的处理手法。

(2)空间约束　主要是在两个庭之间利用开敞性的建筑，如廊或桥廊等来收束一下空间的关系，不至于漫无边际。在两庭之间，插进一条虚廊，实际上是互相通透的，但在空间处理上则有一定的约束性；将疏朗的空间划成有大有小，有虚有实，有层次，有重叠，增加园景的深远感觉。例如余荫山房，以廊来划分两个水庭，透过这条水廊远望水庭，空间层次重叠，景色是非常深远的。

(3)空间渗透　有时不一定运用建筑作为空间的过渡，如群星草堂在石庭与水庭之间，以一道矮栏和散石作为过渡。又如西塘在平庭与水石庭之间，以一座石景作为过渡空间；假山东接前庭的照墙，石径沿溪蜿蜒，山回路转，悠忽间折至花厅的侧庭，两个庭的空间关系交织在一起，相互渗透为用。

庭园与"景"

庭园在功能上除了要满足生活起居的要求外，还须考虑到游憩观赏，因而在结构上处处运用造园的特点，将各种景物的形象(包括建筑、水石、花木，甚至珍禽异兽等)、色调、影与声(影：如池塘倒影；声：松、涛、溪声)，配合季节明晦，风晨月夕等变化，构成具有诗情画意的意境空间。它不但要具有优美的造型，而且通过周围自然环境的衬托，诱使人们有深刻的联想，达到物外有情，言有尽而意未尽的境界。这样造成的视觉空间，就是一般庭园中的所谓"景"。中国庭园布局最大的优点是善于运用这些"景"，分布在不同的位置上，但互相之间又能连贯一起，成为一个有机的整体。岭南庭园从它的景物内容来说，不少是由8个"景"组织起来的，而这些"景"往往用简单几个字来概括、品题，形象地描绘出"景"的诗情画意。如杏林庄(图3-38)有：隔岸钟声、通津晓渡、蕉林夜月、桂径通潮、竹亭烟雨、板桥风柳、荷池赏夏、梅窗咏雪等八景；小山园(图3-39)有：云阁观帆、月台晚眺、琴斋古韵、鹤舫风清、鹿山通泉、砚池鱼跃、回澜梅影、竹林鸟语等八景；邱园有：浣风台、绛雪楼、碧花轩、淡白径、滕花书屋、流春桥、涵碧亭、碧漪池等八景；喻园(九曜园)也有：环碧新阴、补莲消夏、校经晴日、芝筱垂钓、光霁延辉、鸾藻联吟等八景。"景"的取材，根据庭园的自然环境、规模大小、园主人的爱好等而有所不同，如小山园的八景中，涉及动物的竟有鹤、鹿、鱼、鸟等4个景。此外，生活起居，也往往成为园景主题

图3-38 杏林庄(摹自《杏林庄题咏》)

小山園八景圖

癸丑秋
九月
吳綺蘭

图3-39 小山园(摹自《小山园题咏》)

的因素，如"校径晴日"和"芝筱垂钓"等。亦有不少资借外景作主题的，如"云阁观帆"、"月台晚眺"等；至于杏林庄的"隔岸钟声"，更是无形的资借了。其余如亭台楼阁、桥径山池、花木鱼鸟等更是构成"景"题的主要景物。

由于不同的"景"，就构成不同类型的庭，如"补莲消夏"、"荷池赏夏"、"碧漪池"等，自然要挖池种荷，形成水庭的格局；"鹿山通泉"、"斗洞"等则形成叠石的庭。所以在开始规划庭园时，就需要考虑取什么样的"景"，选用哪一些景物，从而决定各种格式庭院的类型。其次，要考虑到不同情节内容的"景"，要布置在恰当的位置才能得到应有的效果；如"云阁观帆"、"月台晚眺"等景，适宜处于庭园外围，临河近水，便于临流揽胜。又如"可楼"、"浣风台"等，以收远景为主，《园冶》中所谓"远借"，适宜处于高矗所在，便于登临远眺；而"竹亭烟雨"，则要有建筑环境的界限，在一定空间之内，遍种竹丛，亭藏林内，更能表达出幽邃的气氛。另外，"景"的布置，可能整个"庭"只有一个"景"，如上述的"竹亭烟雨"就是这样；但也有一个"庭"包括几个"景"在一起，如邱园的"碧漪池"上有"涵碧亭"，并有"流春桥"可通达。庭园中"景"的布置要有分聚，"景"的安排要有主次。总有一个庭是居于主要地位，主景的所在，局面要较为大一些，景的安排要比较重要和集中，使其成为全园风景线的高峰。庭园布局从景的分布和安排来说，一般是由平淡进至高潮，要有意识地安排"景"的情节，具有起承转合的节奏，使人游息其间，随着不同的境界而思潮起伏变化，觉得步移景换，空间层次分明，重叠深远，柳暗花明，耐人寻味。

庭园的空间结构

在庭园布局中运用各种不同的景物，先将厅堂楼馆、亭榭轩廊等适当地错落分布，并于各种类型建筑之间穿插大小庭院，而庭园的空间结构几个部分(包括外围空间、建筑空间和内院空间)，是通过各种景物(建筑、水石和花木等)的组合而实现的。

1.外围空间

庭园布局，不仅要考虑庭园本身，还须考虑到外围环境。虽然外围环境是否有可取之处，不是庭园本身所能决定的，但如何结合外围环境有所取舍,在庭园布局上是可以做到的。《园冶》云:"俗则屏之,嘉则收之",对外围空间的处理,完全在于"取舍"是否得当。构成庭园的外围空间,由庭园的边界轮廓和边界以外的景物组成(即本身的立面艺术处理和对外借景)。外围空间,由于结合不同的界外景物,采用各种不同的处理方法:

(1)封闭的外围空间 在市街地段,周围为邻屋所包围,而房舍又参差不齐,无景可取(借),一般都采用空间隔断,如东莞道生园、潮阳西园、潮州梨花梦处、广州北园(图3-40)等。这些庭园的特点,从外面是没有什么可看的,内进才别有洞天,是一种有内无外,封闭型的庭园。

(2)与邻园空间的过渡 毗邻的庭园,就其景物的安排,可以互相资借,如大良清晖园与楚香园之间,以清晖园的船厅作为两园的过渡空间。从清晖园船楼可俯瞰楚香园的池亭水局,扩大园景范围,相反的,从楚香园可仰望船厅小楼,增加庭园的起伏感觉,这是运用《园冶》的"俯借"及"仰借"手法。南村余荫山房与瑜园,也是以瑜园船厅作为两园之间的空间过渡。瑜园本身的内庭空间,水石花木结构本来乏味,但由于船厅后接余荫山

图3-40 北园酒家的封闭空间

房，登临眺览，邻园景色，尽收眼底，因而从船厅来看，景物并不简单；余荫山房虽然没有船厅，但有邻园楼景可借。有趣的是两园夹墙之间，栽植粉竹，青翠摇曳，使两园景色打成一片。《园冶》所谓"倘嵌他人之胜，有一线相通，非为间绝，借景偏宜"，邻园互相资借，可说是最有效和最经济的布局方法。

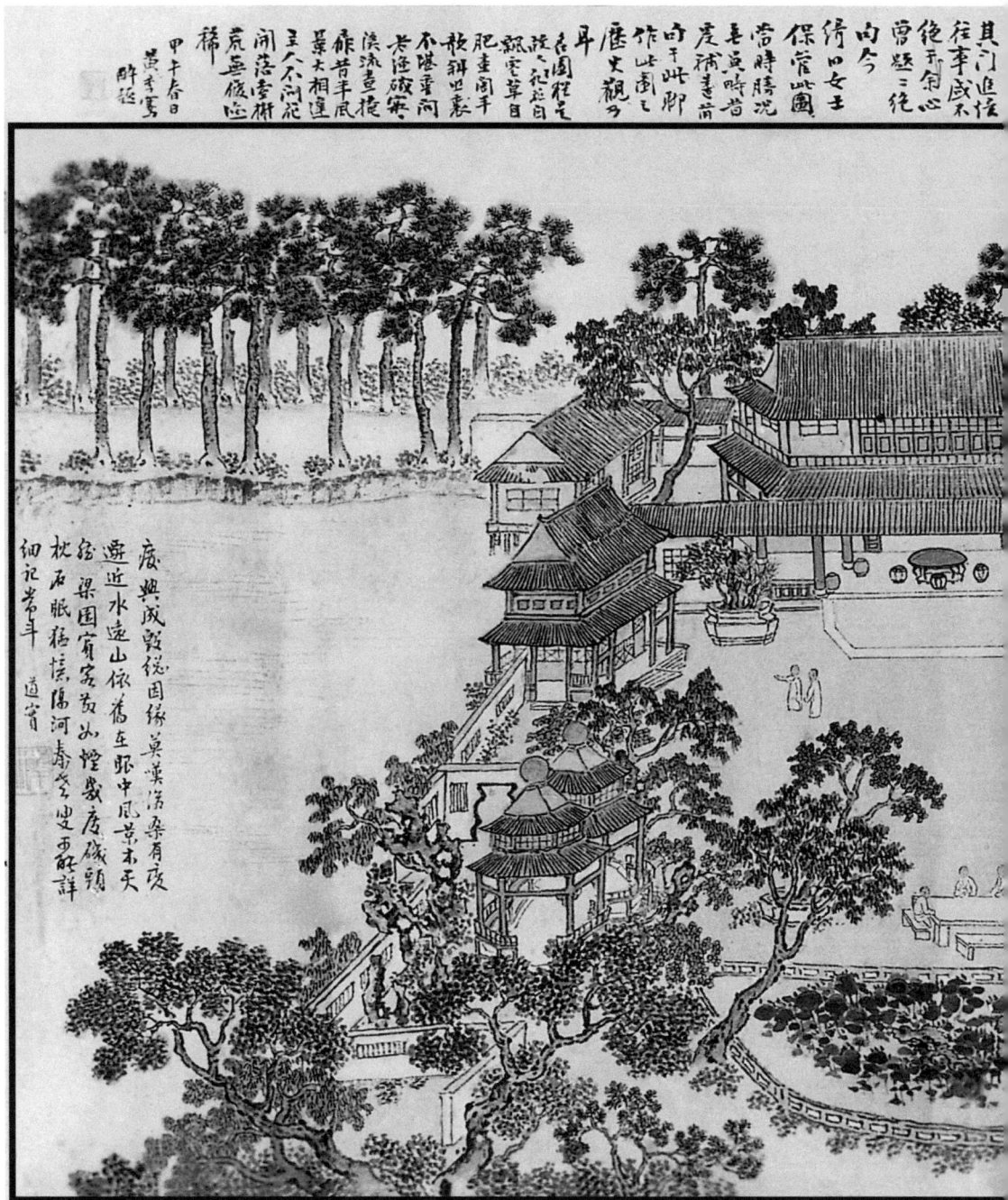

(3)外景空间的渗透　园外有水，是扩大外景空间的最理想景物。一般是将庭园的边界空间轮廓和界外水面互相渗透，融会在一起，构成园外的"景"。例如樟林西塘北面边界的空间是石景结构，向内构成水石庭，朝外则与界外水塘结合起来，成为一个山池局的外景。加以船厅接石临水，所谓"培山接以廊房"，山池楼

图3-41　清风园(李咏堂先生收藏)

馆，高低错落，局面开朗，和园内的曲折深邃相对比，显得景色更加丰富。内外景界由假山联系成为一个整体，外景成为园景不可分割的一部分，布局手法绝妙。又如石岐清风园(图3-41)，由于外景局面开朗，园的周边建筑与外围融合一起，内庭反而宽豁疏朗，布置不多，可以说是以外景为主题的庭园。花地杏林庄的外围不设任何围护，仅小溪一湾，沿溪栽竹，园的里外毫无屏障，故示主人的旷达，这些手法不仅是借景，而且是与外景融汇混合为一体了。

(4)外景空间的分隔　在庭园范围内外之间，用一道通花墙或走廊分隔开来，但是，从园内仍可窥视外在景色，由园外也能隐约看见园内景物，这是隔而不断的空间处理手法。一般沿墙作"景框"，将外围景物纳入园景之内，即《园冶》所谓"邻借"，在这种情况之下实亦即"对景"。如泮溪酒家西面曲廊之外为荔湾湖，透过景框看到湖上小岛，岛上小亭；碧江小蓬莱透过景框可以看到隔院的景色，既是借景也是对景。

2.建筑空间

庭园的建筑，主要布置在庭与庭之间，或者庭园的外围，当然也会有些小型的，如亭榭桥廊之类，结合水石布置在庭的内部。这些建筑构成庭园外边或内部的空间界限，起着空间的过渡与渗透、约束与隔断等作用。另外，由于整个建筑群在布局上有高低起伏，对于庭园的透视空间也起着扩大的作用。

(1)建筑的外围空间　建筑往往就是庭园边界空间的一部分，"封闭型"庭园的建筑外围空间是不用怎样去处理的，如庭园位于市街地段，为群屋所包围，它的建筑外围一般都很简单。但如前述的清晖园、瑜园或者西塘等的船厅，一方面它是两个园的过渡空间，另一方面本身就是景物的对象，因而这些建筑大都轮廓优美，造型轻巧，装修雅丽，富于观赏性。这是过渡性的建筑外围空间处理上所需注意的。

(2)建筑群的透视空间　指庭园的总体建筑群而言。一般在封闭型的庭园中，内庭小院，视野不广，从外到里都难得见到建筑群的全貌。但是有一些庭园，例如东莞可园，独立建于村边水际，周围环境清旷，内庭也较开阔。如何处理它的建筑外围空间，特别是总体建筑群的透视空间，是这种庭园布局的最重要问题。可园根据本

图3-42 可园可楼

图3-43 可园可楼

身环境的特点，着重建筑外围空间和建筑群体透视轮廓的雕琢，以三组"连房广厦"式的建筑布局，构成犄角之势。其中可楼四层高耸，带领全园(图3-42、图3-43)。建筑空间起伏呼应，有宾主，有层次，翼角高低相峙，檐牙回绕重叠；利用建筑的外围空间和透视空间，作为庭园的主景，这是可园的最大特色。

(3)建筑的内院界限空间　内庭的界限空间，主要由建筑构成，作为内院景物的一部分，以过渡到水石空间。为了和内院的水石取得协调，面临内庭边界轮廓的建筑，一般多灵活变化。平面处理出入参差，打破四合院的方整格局，可故作一些回廊曲院，或在厅前凸出"抱印亭"等等做法。立面造型上要求通透玲珑，廊回槛接，体形大小疏密，檐口高低错落，并在组织上与水石花木掩映相间。庭园建筑的内庭空间处理，在实例中差不多都是运用上述手法的。

(4)室内空间　庭园建筑的室内空间，须结合观赏性的要求来处理，主要有两个方面：一方面可以从室内或从室外"坐"赏园景，可互相窥视内外景物，在设计上就要求通透开敞，尽量减少屏障。岭南庭园建筑装修，普遍采用到脚屏门(落地明造)或者"敞口厅"等，并且以花罩来点缀敞开的厅口，作为富于图案趣味的边框。同时有意识地运用"对景"手法，在室外朝着敞口布置一些比较突出的景物，如一株古劲的庭树，一枝秀拔的石笋，或者一座玲珑奇巧的小亭等，构成一幅美丽的"框景"。

另一方面为室内的装修与陈设，其特色为通透玲珑，很少封闭隔断的处置。室内的空间，在概念上是相对"流动"的。这就是：装修陈设化和陈设装修化，装修与陈设往往综合在一起，从而使得室内空间玲珑嵌空，琳琅满目。例如：满洲窗心配以套色玻璃画，恰像一幅透明的斗方画。但它还是具有围护作用的窗扇。又如利用博古架作为室内的分隔，陈列几件艺术品，既是装修，也为陈设，把观赏和实用统一起来。这正是中国庭园建筑在室内装修方面的优秀传统。家具摆设，亦是室内空间组成的一部分，要求与装修取得协调，并有一定的完整性。装修和家具，一般应求简练利落，造型轻巧稳定。色调方面，广州一带以酸枝、珊瑚红漆及楠木装修的原色为主调，潮汕地区则用黑漆缀以大红和铺金为主调，配上书画佳器的陈设摆供和古树盆栽，使得室内

图3-44 泮溪酒家负楼构筑的壁山

图3-45 泮溪酒家爬山廊

气氛典雅闲适，清新活泼，既有宁静清幽的感觉，又带一些生意盎然的动态。

3.内院空间

内院空间包括庭内的各种景物，它和院内的界限空间互相影响渗透，结合成为完整的景物空间。由于范围不大而又比较平滞，如果要符合景色多变和意境深远的要求，就必须采用一系列造园常用扩大空间的各种手法：a.在平庭之内，布列散石灌丛，构成疏朗而又掩映的空间。b.将内庭挖作水庭，增加清空深远的感觉。c.用回廊曲院分割空间，使疏朗的内庭空间层次重叠。d.在有限的内庭空间之内，用桥或虚廊划分大小空间，大小对比，小中见大。e.用平远的壁山，使苑道结合山势曲折迂回，增加内庭的深度和幽邃的感觉。f.开池架山，增加地面的高低差，强调起伏之势。上面处理内庭空间的几种手法，有时单独运用，有时在较大的内庭局面亦可综合运用。如泮溪酒家的内庭主要景物空间，有开阔的水面，削壁的假山，亦有迂回屹嶂的山径。内庭的游行路径，从低平水面的石板桥，踱上架空的桥廊，转至爬山廊登山，复经另一石梯下至别院，院内有洞，洞口在石梯侧，从洞佝偻而行，可出至山池北岸，池岸壁下有山径蜿蜒，回复至原来的石板桥。这一条曲折蜿蜒的苑道，经过划分大小水面的石板桥，约束内庭空间的桥廊，起伏的爬山廊和石梯，迂回的山径，明暗不同的空间，连接着标高不同的建筑物，综合运用各种扩大内庭空间的手法，是一种立体空间和平面相配合的布局(图3-44、图3-45)。

第四章

岭南庭园布局实例

第四章　岭南庭园布局实例

岭南庭园的布局，在总的方面虽然仍是运用中国造园的传统方法，但有结合地方特点，例如：a.吸取外来的手法，如余荫山房是几何图案式的总平面，可园用"连房广厦"成组成群包围大院的布局。b.注意对外围空间和建筑群透视空间的处理，如可园就是运用这些作为庭园的主景。c.很少用独立的走廊来分割空间，除余荫山房有一条较长的水廊外，多数是倚墙或厅堂虚前作廊。d.石景规模不大，像西园及西塘的假山可以算是例外，喜运用散石布置，如群星草堂的散石庭，属于第一流的佳构；会城柱石里杨宅的"荡云"，也是散石庭(图4-1、图4-2)。e.喜欢运用花木作为内庭主要景物空间，如群星草堂，配列石组、灌丛；可园的荔枝林，邱园的梨林等；而杏林庄的"竹亭烟雨"则是以竹为主。f.布局比较平易，起伏不大，不作过分曲折，以清空平远为主。庭园可分为单庭、双庭和

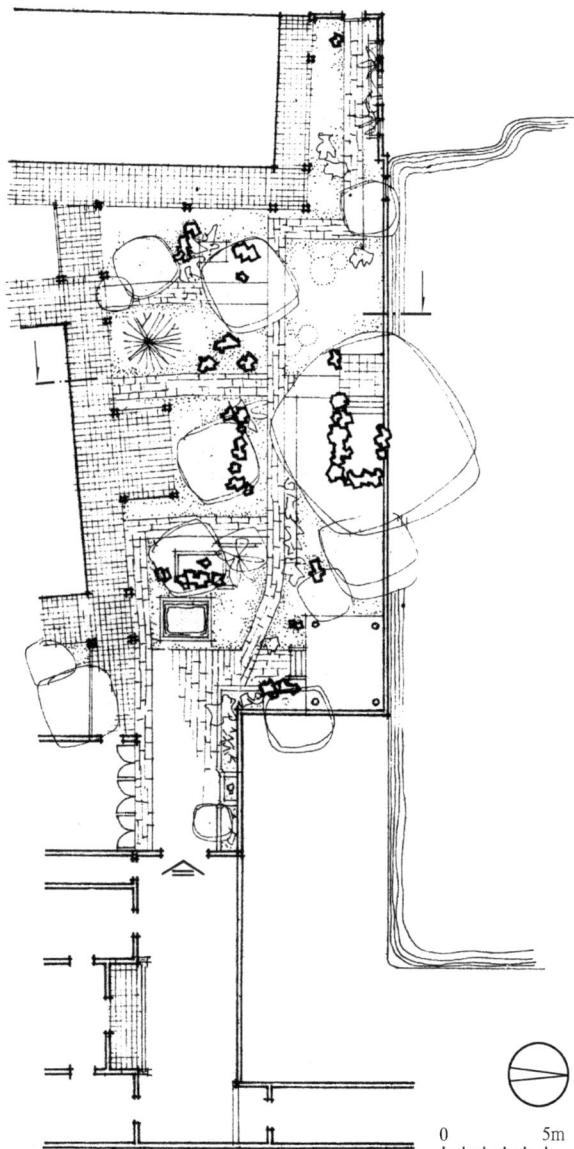

图4-1　柱石里杨宅"荡云"散石庭平面

0　　　　5m

图4-2 新会柱石里杨宅"荡云"散石庭剖面

多庭结构几种，以双庭结构为多。

值得一提的是单庭，它与建筑环境的关系更为密切结合，如潮州半园的平庭是前庭，城南书庄的水石庭是后院，西樵云泉仙馆的水庭是中庭等。关于单庭结构，前面已经详述，不再多赘。

为便于查阅，现列出几个比较典型的庭园及其结构关系：

岭南庭园结构一览表

园名	庭园的结构			庭园的组合				庭的类型				
	单庭	双庭	多庭	并排	串列	错列	综合	平庭	石庭	水庭	水石庭	山庭
云泉仙馆	✓									1		
城南书庄	✓										1	
半园	✓							1				
余荫山房		✓		✓						2		
梨花梦处		✓		✓				2				
饶家花园		✓		✓				1			1	
道生园		✓			✓			1		1		
西园		✓			✓					1	1	
群星草堂		✓				✓			1	1		
可园		✓				✓		2				
西塘		✓				✓		1			1	
泮溪酒家			✓				✓	3			1	
清晖园			✓				✓	6		1		

1.番禺余荫山房

番禺余荫山房位于番禺南村邬氏家祠之侧，建于清咸丰年间，为两个水庭并排、方庭和回字庭的布局。从南面入口，经门厅内院，穿月洞门折往北行，修篁夹道，再出二门则为庭园。园分东西两庭：西庭在对朝厅堂当中设方池，为中庭内院式的水庭；东庭为环溪局，在水中建八角形的水厅，环厅为溪（《洛阳名园记》有类似的记载）。这个以水景为主题的"水园"，大概由于面积有限(约900m^2)，有意识地全部运用水局，增加全园清空深远的效果。西庭水面互相贯通，其间以水廊为空间的过渡。另设有桥廊通水厅，尽量运用回廊曲槛作为划分空间的手段，层次重叠深远，颇具特色。环溪水局之南为瑜园，中隔夹墙，内栽粉竹，仿佛两园的景色合在一起；从水厅仰望瑜园船厅，竹杪小楼，居然像是园内景色，一点借景的破绽也没有，手法绝妙(图4-3～图4-8)。

图4-3 余荫山房和瑜园平面

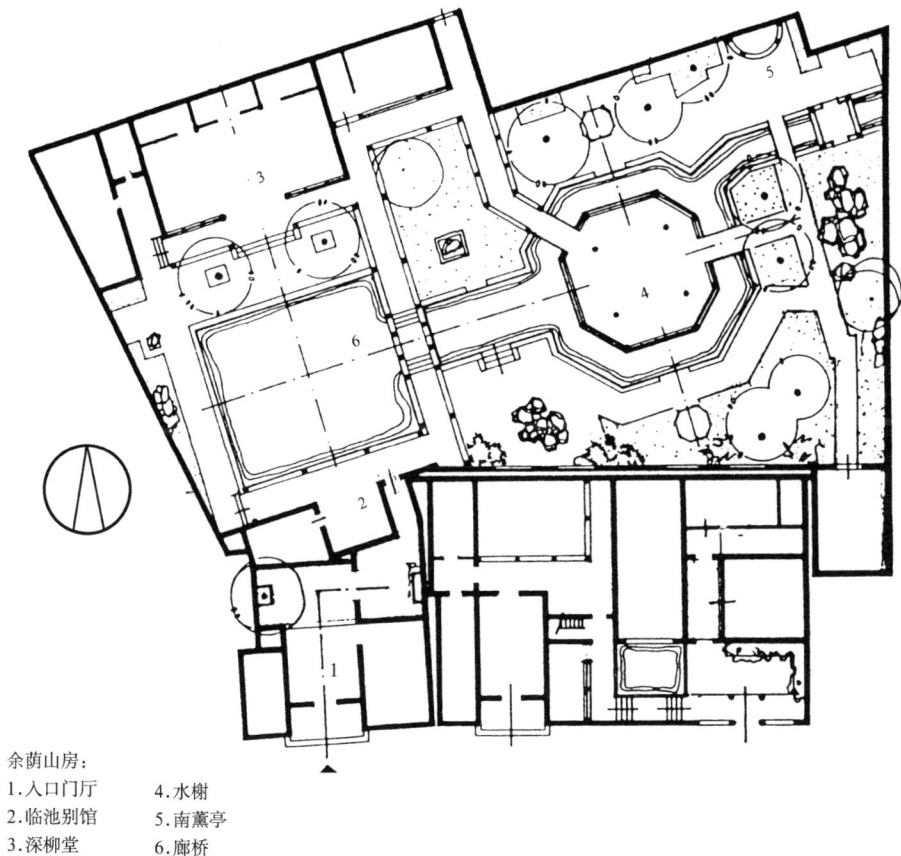

余荫山房：
1.入口门厅　　4.水榭
2.临池别馆　　5.南薰亭
3.深柳堂　　　6.廊桥

图4-4 余荫山房北向立剖面

图4-5 余荫山房东向立剖面

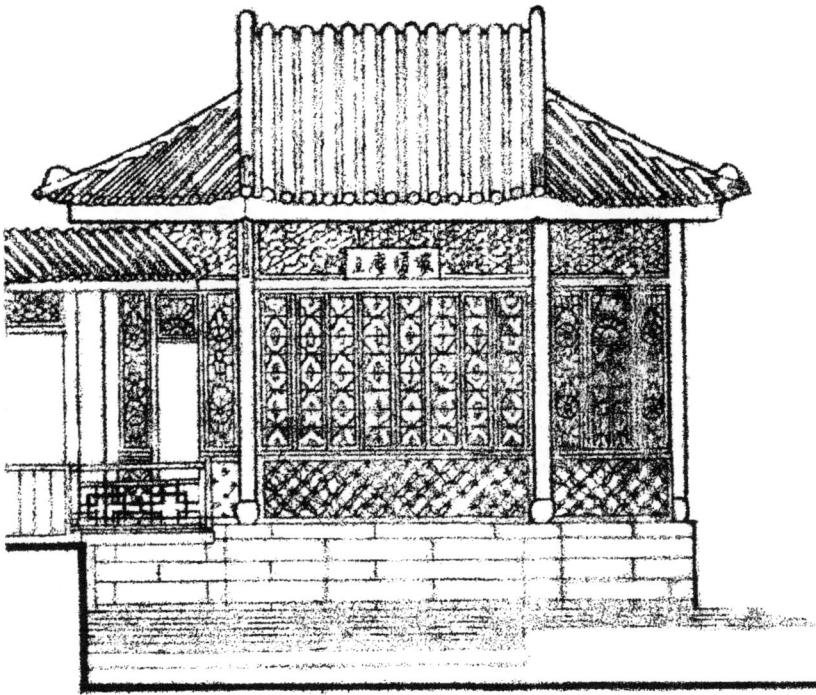

图4-6 余荫山房水榭

图4-7 余荫山房廊桥(叶荣贵作)

图4-8 余荫山房整幅落地玻璃屏门

2.潮州梨花梦处

潮州梨花梦处位于潮州中山路廖厝围，建于清道光年间，为并排式、前庭及中庭的平庭结构。园分南北两部分，由南庭的南面入口，东为三开间，带前卷及后面有"过墙亭"的花厅；对开沿着照墙布置水石水景，并于西北角上设六角小亭，为潮州一带流行的对景式平庭布局。南庭北面建院墙，作为与北庭之间的空间分隔，穿过月洞进入类似三合院的内庭，迎面为坐北朝南的五开间小厅，正间凸出"抱印亭"；东面为带前卷的另一座小花厅，其对朝临池为船厅式的小筑，当中凸出戏亭，隔池为二，体形少见。全园建筑为道地的潮州形式，布局平易，结构紧凑，园中遍植梨花，景物不多而有佳趣(图4-9～图4-12)。

3.东莞道生园

东莞道生园位于东莞城下关道富巷，建于道光末年，在住宅西侧，面积约750m²，为平庭和水庭的中庭串列式布局。园西临街外小涌(填没)，过桥进入门内小院，往北穿月洞为水庭，折至南则为平庭，两庭间以花厅作为空间分隔。平庭南面为"问花小榭"，与花厅对朝；东面连以复廊，穿月洞门通往住宅部分。榭附墙而建，设八角门与后面的书房相通。庭中地面墁青色大阶砖，两旁筑有花基，可供摆盆栽花卉；阶前疏落点缀两支石笋，西墙一带种植几丛

图4-9 梨花梦处平面

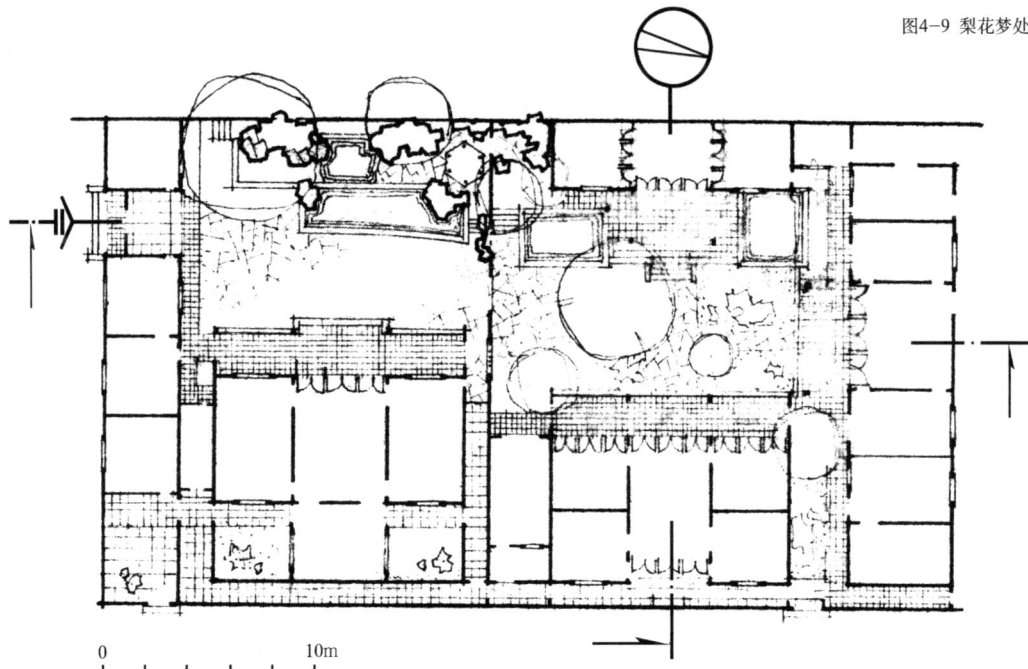

0   10m

图4-10 梨花梦处南-北剖立面

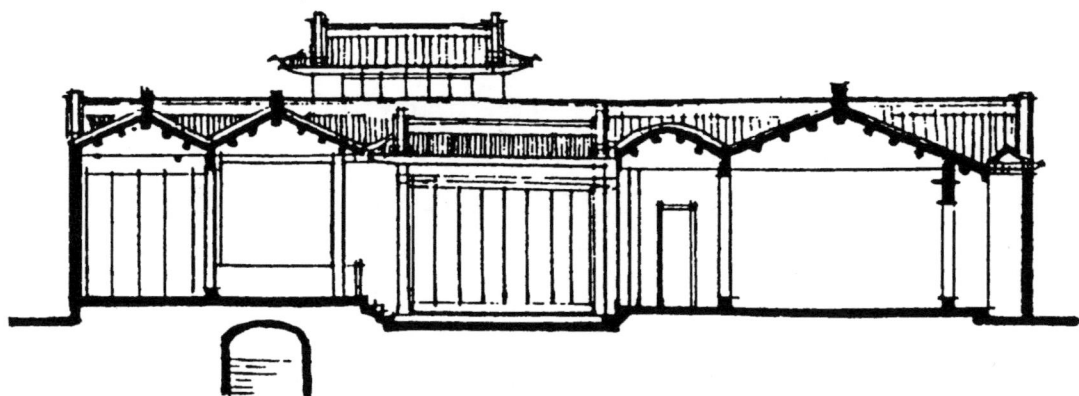

图4-11 梨花梦处西-东剖立面

翠竹芭蕉,意态清幽,颇有"花间隐榭"的风趣。

北面水庭,以池塘(填没)为中心,西设澳口,有石板桥通,池北的舫屋(已毁)和楼厅,沿池短栏曲绕,石径平铺,局面比较开朗。庭的西南隅筑台可登临,上有老树一株、浓荫遍盖。水庭景物,除楼厅还比较完整外,均已拆毁无存。楼厅为三开间的小楼,临池设廊,造型轻巧别致(图4-13~图4-15)。

4.潮阳西园

潮阳西园位于潮阳城西,建于清末民初,为水庭和水石庭的串列式布局。从北庭西面的门楼入口,进入以荷池(填没)为中心的水庭,池北为住宅部分,东有"六角拉长亭",支越水上,架曲桥通至南面长廊。亭为攒尖重檐,翘角带吊柱垂花,是流行于潮汕

0   5m

图4-12 梨花梦处作为对景的小亭

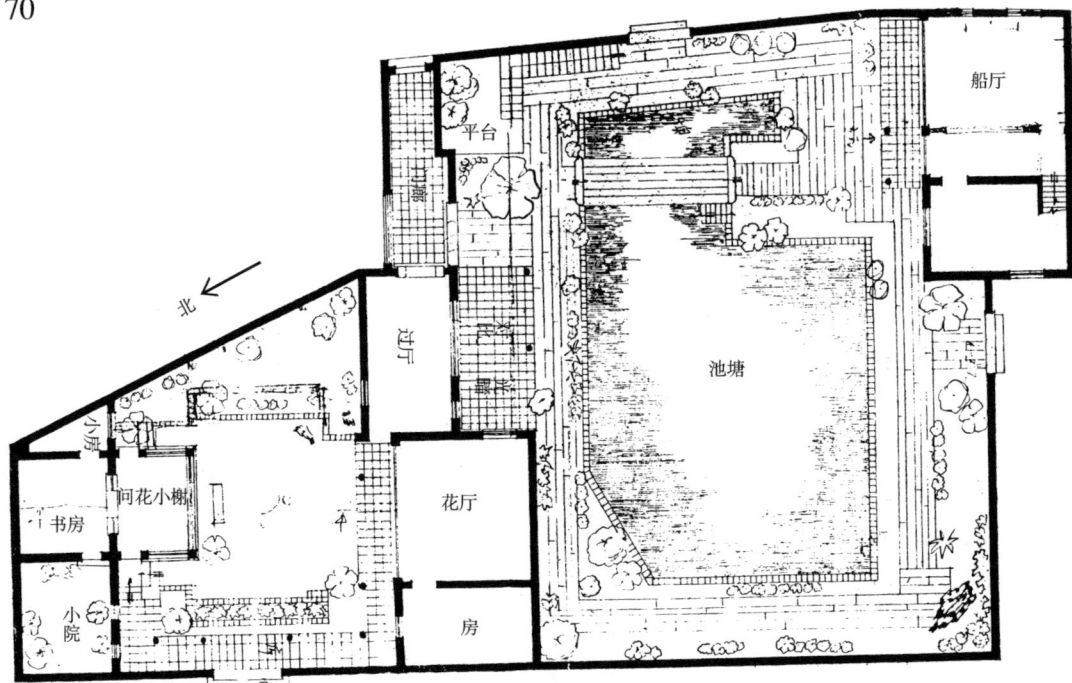

图4-13 道生园平面

图4-14 道生园,透过月洞门看水庭

图4-15 道生园,透过月洞门看水庭

地区的做法。从园门转右(南),经一石门洞,内为井院而至临水长廊;廊倚船厅北墙,栏槛交错,以美人靠及满洲窗装修,隔池观望,颇为华丽。循廊东行至书斋,折入西南为南庭,以船厅和长廊作为两庭之间的空间分隔。

南庭为曲尺形局势，由书斋、船厅、水楼和界墙构成庭的空间界限；船厅（单层）和水楼（二层）沿庭的西北两区建筑成曲尺形平面、小檐平顶，中隔通天，跨以天桥或磴道相通。厅的东南边界筑山，峭壁临"潭"，面对水楼及船厅，坐观削壁，高不见顶，下无路径，有"万丈悬崖之势"；这个水石庭是壁潭局的结构，山高水深，精确地突出"潭"一类水型的特征。从壁山至对岸楼厅有3条路线可通：a.东北线，接船厅的东端，作岩洞状，下为潭，题曰"潭影"，洞顶石梁（悬磴），通船厅天台。b.中线，以石板小桥沟通两岸，接登假山螺旋梯，上有小圆亭曰"螺径"，循洞内石

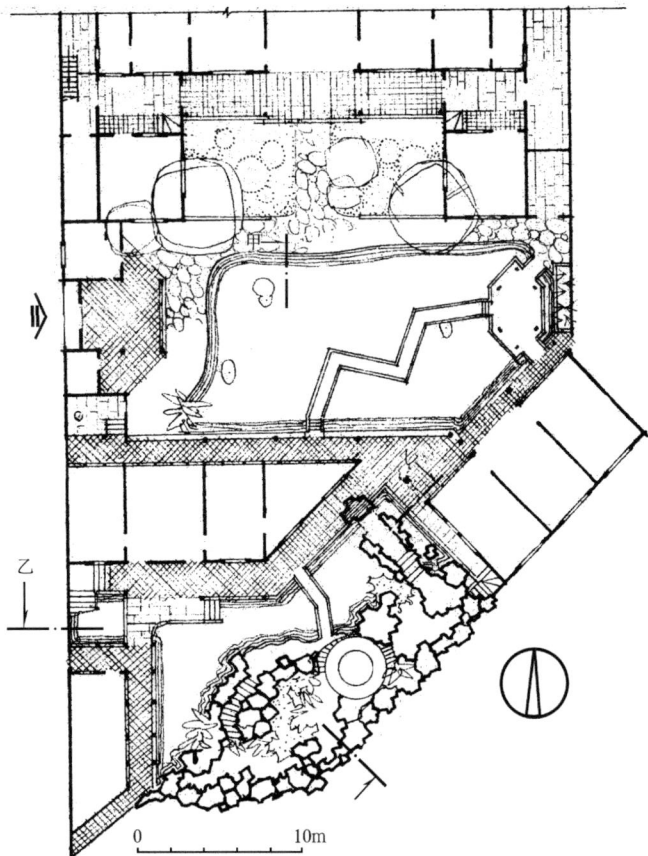

图4-16 西园平面

级下至潭底水窟，有仅容一席之地，面水嵌以玻璃，俗称为"水晶宫"，水窟之上为台、为壁，题曰"橘隐"。c.西南线，山的西南与水楼衔接，实际上是三层石山复道，层层与水楼相通，出底层为悬岩栈道，崖顶有洞接二楼，仿洞房的做法，洞顶又有石板通屋面平台，亦可折至船厅天台，接上述东北洞顶的石梁，因而可以从天台、壁顶绕行一周。

西园的水源不洁，为了处理流入的污水，先引水至莲池，经初步净化后始流入潭内。潭亦分为上下两级，先在东北部上级再一次澄清，才注入"水晶宫"的水潭（图4-16~图4-19）。

5.佛山群星草堂

佛山群星草堂位于佛山先锋古道永羲里，为梁宅花园之一部分。清嘉庆年间梁九图（诗人兼画家）所建，为错列式布局，由水、石庭各一组成。石庭之东为一组对朝厅堂，内院设"过亭"

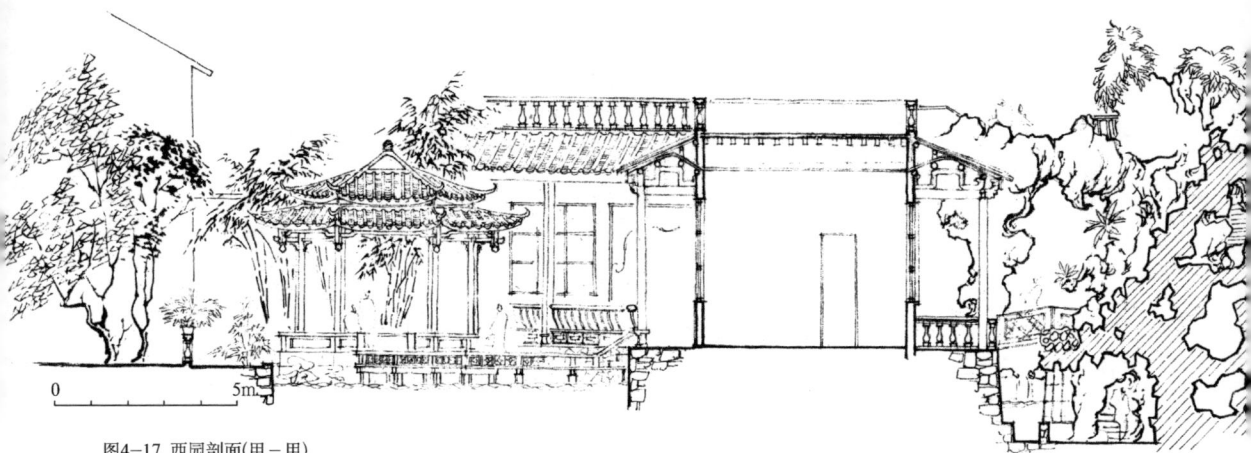

图4-17 西园剖面(甲－甲)

图4-18 西园剖面(乙－乙)

相连，沿外墙为一带修廊，与庭北"秋爽轩"(花厅)前廊衔接；轩的西侧为船厅，旁植洋蒲桃一株，其南面靠山与土同麓的小筑相峙，中间临池岸，设矮栏和散石，作为两庭之间的空间过渡。苑道用陶砖铺砌，在花厅南北轴线上约4m之处有方亭(已毁)，再南约20m为垒土成冈的墩山，使得石庭平易中有起伏；沿路径错列布置散石灌丛，以棕竹为主，清空而又见曲折。小冈分作3个台阶，并散理麓石，斜置步级，傍列立石，冈虽不高(约2m)，但石势峥嵘逼人。冈上配植较密，有山松和玉堂春各一，其他为九里香、罗汉松、苹婆和枇杷等；平地筑山，运用"平冈小坡"的造法，颇为经济而得自然的风趣。有围墙隔冈为二，设月洞相通，过此为菜园花圃，现已荒废。

水庭位于船厅西侧，池作不规则形状，为自然式池岸、有两澳口，均跨以石板小桥、低平水面；北墙靠近船厅之处设水闸

图4-19 西园壁山螺旋梯和螺径亭

74

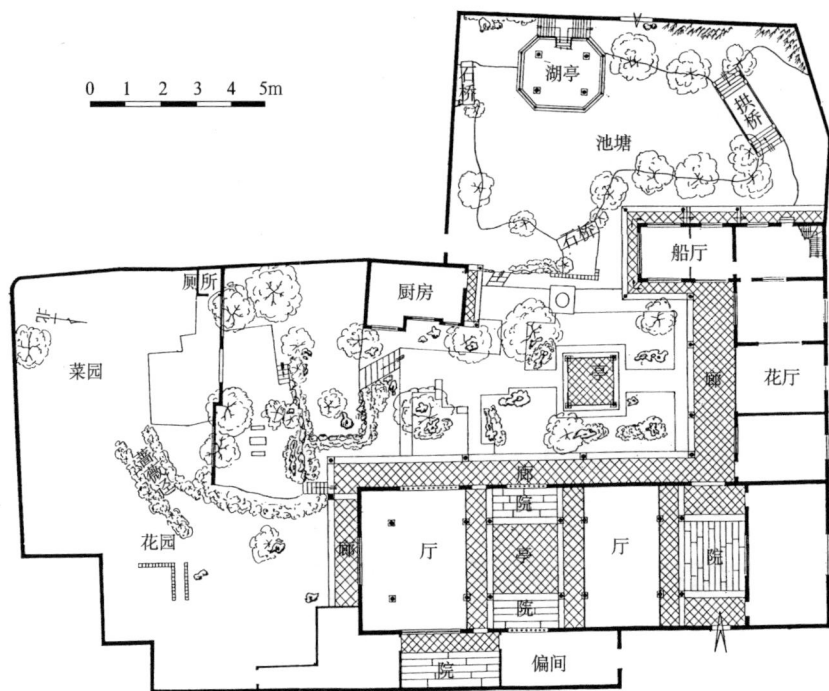

图4-20 群星草堂平面

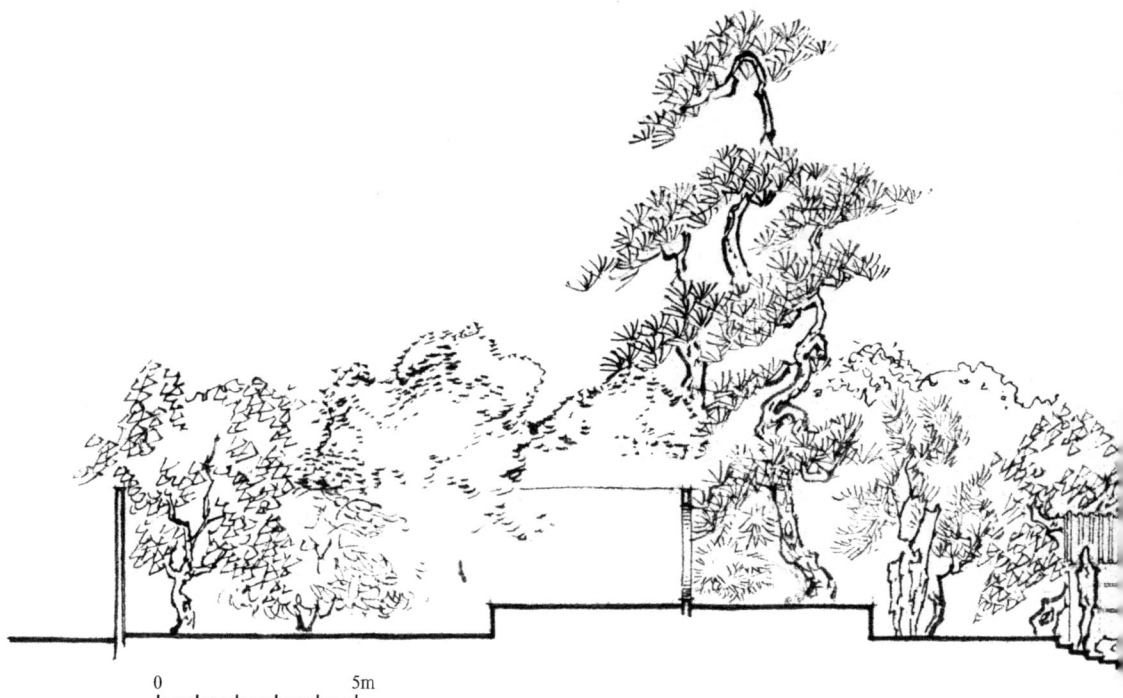

图4-21 群星草堂剖立面

通外塘，架拱桥斜接对岸，沿池杂植水松、崖州竹疏落有致。突出西面池岸建八角形水阁一座(已毁)傍院墙设级登临，旁有月洞通梁园；水阁、拱桥和船厅，三者鼎峙，在平远中有起伏呼应之势。全园的布局简练自然，水和石的布置手法经济有效，所以能够小中见大，并兼获得清空幽邃、平远起伏的效果(图4-20～图4-23)。

6.东莞可园

东莞可园(图4-24～图4-31)位于东莞城西博厦乡，建于清咸丰六年(1856年)，包括两个平庭，是错列式的内庭结构。可园的布局最大特色还不在于对内庭空间的处理，而是它将建筑的外景空间和建筑群的透视空间，作为庭园景物空间的主题来看待。一般庭园都是以单幢厅堂之类的建筑分散布势，连以回廊曲院，构

图4-22 群星草堂剖立面

成大小庭院的空间，但可园的建筑则集中成为几组群，在组群之间包围着两个较为开阔的内庭空间，接近小型街坊的布置。这是罕见的类型，属"连房广厦"式的庭园布局手法。建筑分成三个组群：南部为门厅组群，北部厅堂组群，西部楼阁组群；各组之间连以回廊，两个平庭则错列在这些组群的界限空间之内。每一组群都各有厅堂、楼台、廊和小院，建筑的类型不像单幢那样能够明显地辨识出来。三个组群由于都有楼，互成犄角，其间"可楼"为四层，凌空而起，有带领群屋之势。

图4-23 群星草堂石庭

从东南隅东面的园门入口，门厅之左(南)为一套厅房，有小楼曲院(原为账房)，门厅之右(北)穿过圆洞门，为一开间半的客厅。客厅后侧又有上下磨圆的门洞，过此循廊转折而东至一小楼，即望街楼，越街建筑，亦是一开间半，楼上设眺台供内眷眺览街景。从客厅以至望街楼，均为一开间半建筑，曲折宛转，正是《园冶》中所谓"深奥曲折、通前达后，全在斯半间中生出幻境也"的做法。以上是南部门厅建筑组群。

北部厅堂组群，在上述客厅朝着的平庭北面，正厅三开间，

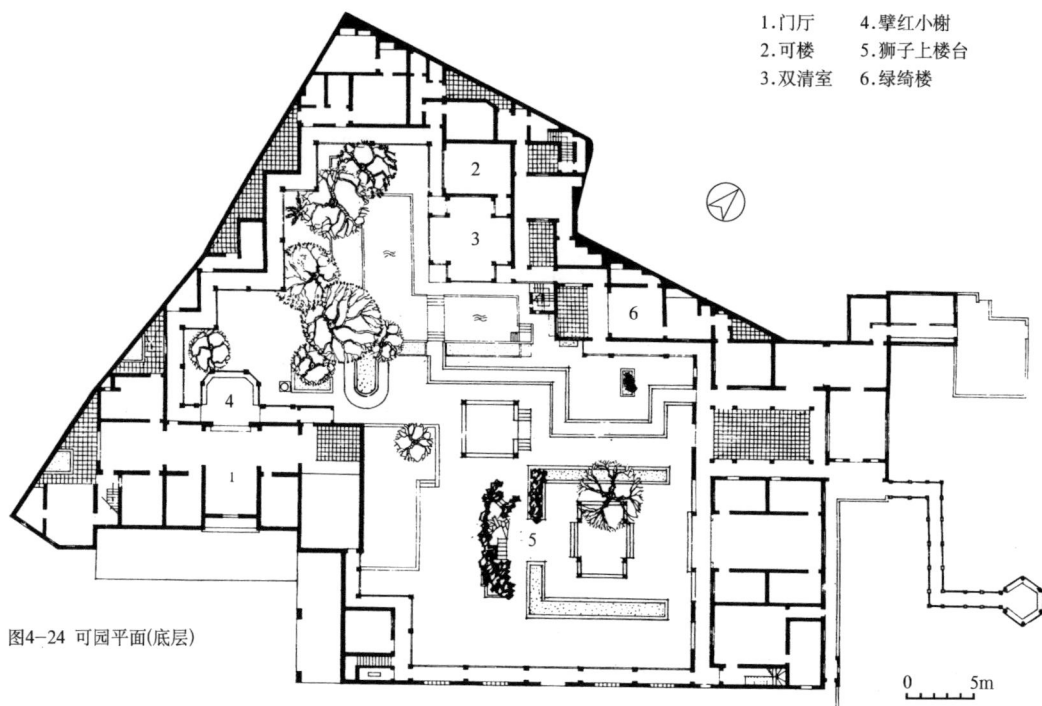

1.门厅　　4.攀红小榭
2.可楼　　5.狮子上楼台
3.双清室　6.绿绮楼

图4-24 可园平面(底层)

0　　　5m

图4-25 可园剖立面

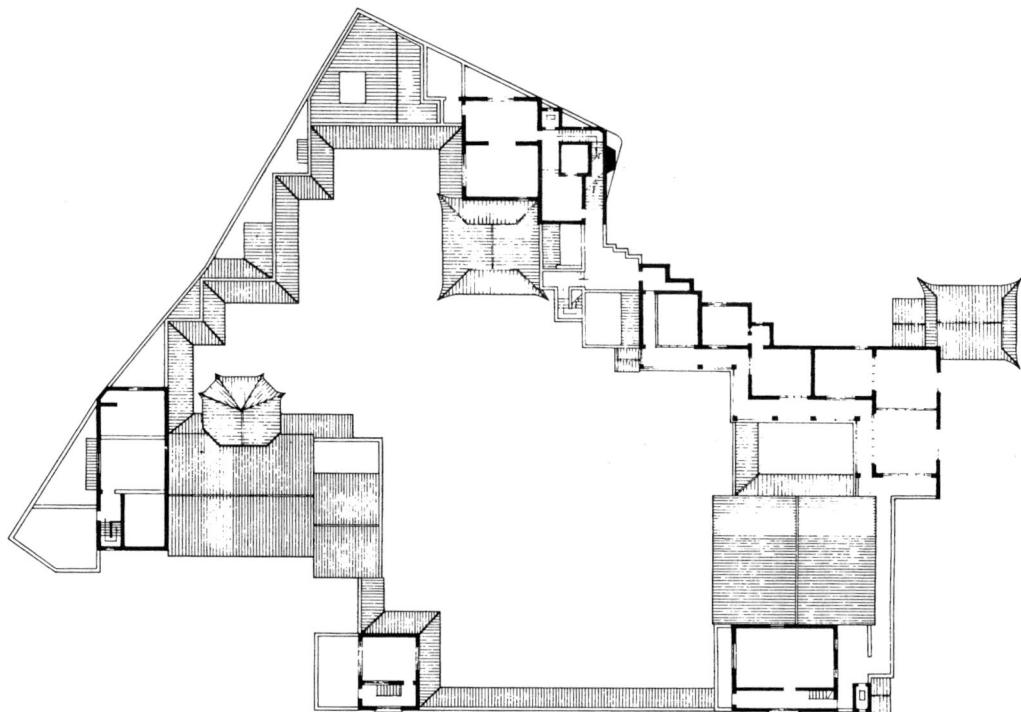

图4-26 可园平面(平房房顶)

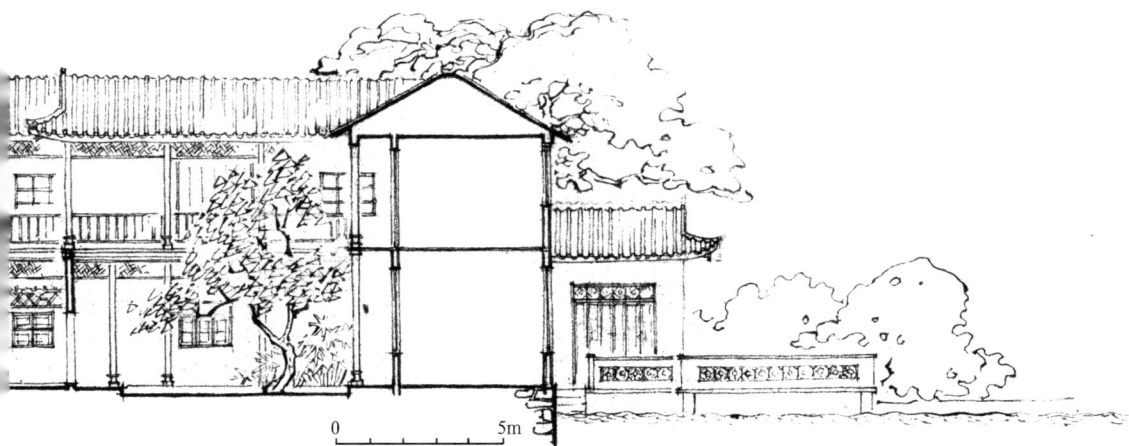

东侧附小楼曲院，有长廊沿院墙与过街楼联系。厅前有方亭，状似台，再前筑石景，为狮形壁山，拾级而登，可能至亭顶平台，这一景当地谓之"狮子上楼台"。

经门厅直出为半八角形小榭，从它的体形和环境看来，可能是原来的"擘红小榭"（《可园遗稿》有记："粤荔之美，咸推为果中第一……，可园既罗致佳品，杂植成林，乃为榭于树间"）。出榭循廊逶迤曲折至西部楼阁组群，其中包括可楼、双清室(亚字厅)、绿绮楼和可舟(船厅)等部分。可楼高四层，从外面登楼，结合磴道、步顿和露台等，里面还有复梯可以上下，体形诡异，登临纵目，远近景色尽收眼底。《可园遗稿》中曾详细说明可园的

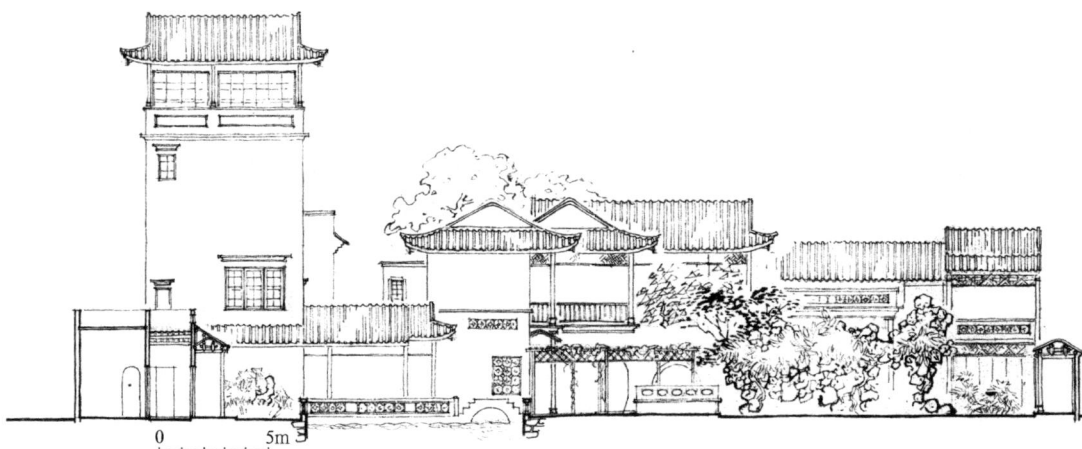

图4-27 可园剖立面

图4-28 可楼

图4-29 从可楼俯瞰回廊曲院、擘红小榭及荔枝丛

图4-30 从可湖看可园建筑群

图4-31 可园博溪渔隐(叶荣贵作)

经营和效果("吾营可园，自喜颇得幽致，然游目不骋，盖囿于园，园之外不可得而有也，则凡远近诸山，若黄旗、莲花、南春、罗浮，以及支延蔓衍者，莫不奔赴，环吾于烟树出没之中，沙鸟江帆去来于笔砚几席之上……")。《园冶》提到的"远借"，可楼是深得其中的奥妙。双清室在可堂(上为可楼)的东侧，平面作亚字形，它的东南两面凿曲尺形的莲花池，架拱桥与石景相接(《可园遗稿》有云："双清室者，界于筼筜菡萏间，红丁碧亚，日在空香净绿中，故以名之也")。绿绮楼，窈窕幽邃，曲院暗户，上下穿插；其北为可舟，亦为两层，临园外大塘，于水中筑钓台，与外景联成一片。

总观全园颇多特点：在总体布置上，采取"连房广厦"包围大庭院的布局手法；建筑类型的选用也比较特别，如楼阁组群本身是"迷楼"式的建筑，空间处理以建筑外界空间和建筑群透视空间作为庭园的主要景物空间，与一般以内庭景物空间作为主景的有所不同。这些特点，说明可园受江南庭园的影响较少，具有浓郁的地方风格。岭南画派大师居巢于莞城作客长久，据说当时兴建可园亦曾参与其事。

7.澄海西塘(亦称洪源记花园)

澄海西塘位于澄海樟林镇，建于清嘉庆年间("西塘"门额题嘉庆四年，即1799年)，面积约700m²，包括平庭和水石两个庭，是错列式的布局，两庭之间的空间过渡不是运用建筑，而是以水石作空间的渗透。西塘的建筑，完全是结合地形和利用外景，因而房屋朝西北，同时也因为迷信风水关系，避忌主屋后临水域。石景东西纵向，长约20m，房屋北隅的山背作悬崖状，直接临园外水塘，从里到外3个面都可以看到石山的轮廓，富于山林气氛，布局简练有效，可算是岭南庭园的佳作。

从西南面入口，穿过门廊、月洞、正对假山六角小亭，进入以花厅为主体的平庭。花厅为三开间，正间凸出"抱印亭"；照墙造型别致，在漏花之下插两支高低错立的石笋。绕庭筑矮栏，东北临溪涧，隔水为石山，作为平庭的背景，使平庭的气氛来得更觉自然，从而两庭的空间关系互相渗透。平庭与水石庭之间交通有三路：a.北路：沿照墙绕过山溪的西北端而至山麓，临溪迤逦东行，山回路转，进入以水石为主景的东南部庭院。b.中路：

循花厅前廊出汉瓶式门洞，踱石板桥而至山麓，临溪怪石嶙峋，小桥流水，自成佳趣。c.南路：从花厅后面出"过墙亭"东南小院，穿过"岩壁"间石洞门而至六角拉长亭，乃是水石庭的东南角落。人们从分隔的室内空间，出至山池水石的景物空间，会觉得豁然开朗，别有洞天，颇饶于变化。

水石庭以山溪小塘为中心，塘南为六角拉长亭，东与石景相接为楼船式的船厅，构成庭东的界限空间。塘与溪分成两级，有意识地提高塘的水位，并将亭的檐口压低，憩坐浏览，山不露顶，地台复低平水面，使人觉得山高水卑，互相衬托，深岩幽壑，意境绝妙。假山有三道石梯级，上落盘旋，有径接通船楼。船厅亦临外塘，隔水遥望，崖壁悬水面，小楼枕石间，老榕斜出，盘根附石，构图优美，正是"培山接以廊房"的处理手法(图4-32～图4-36)。

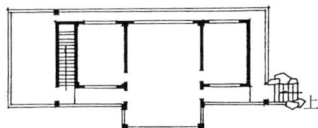

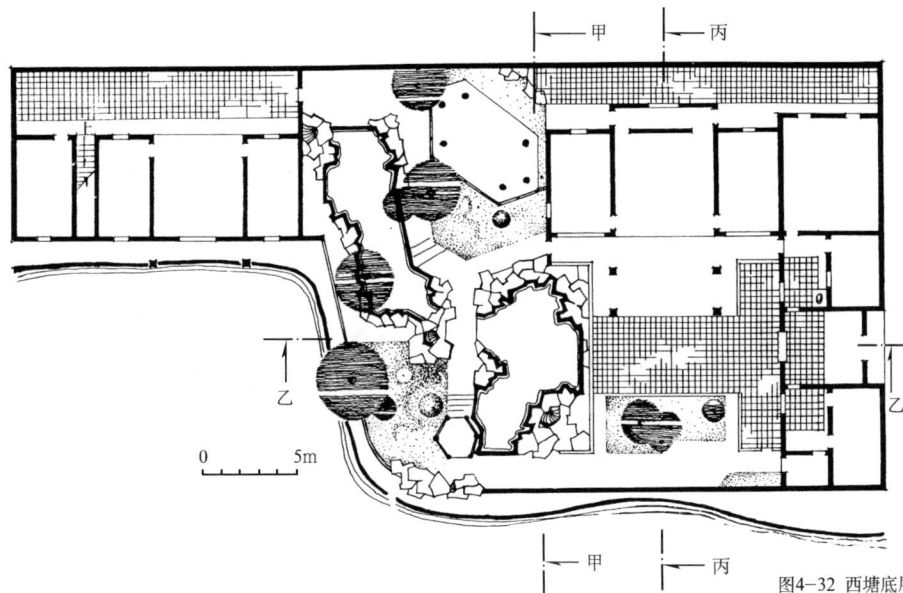

图4-32 西塘底层平面(附局部楼层平面)

图4-33 西塘临外塘立面

84

图4-34 西塘立剖面(甲－甲)

图4-35 西塘立剖面(乙－乙)

图4-36 西塘立剖面(丙-丙)

8.顺德清晖园

顺德清晖园位于顺德大良八闸华盖里，建于道光年间，面积约3333m²，在岭南庭园中规模算是较大的，属于多庭综合式的布局；园有东、西两处入口，分为东、西、中三个部分。从东面入园，经门廊和一带属于平庭式布局的"过路庭"，左为"归寄庐"厅房内院，右为"笔生花馆"。馆前路庭，以"归寄庐"靠山作照墙，塑叠壁型"斗洞"石景，《园冶》所谓"靠壁理也，借以粉壁为纸，以石为绘也"，使得"过路庭"和"归寄庐"的内院分隔开来，既为"障景"的处理，但又尚隐约相通，手法正妙。

循路庭继续西行，幽篁夹道，出"竹苑"月洞为中部庭院，有厅堂、书斋、船厅和小楼，是全园建筑的主体所在。船厅与书斋(惜阴书屋)之间隔一小池，上跨虚廊，榜曰"绿阴深处"，它的功能甚为特别，是廊、是桥又是亭，小坐其中，凉风习习，六月忘暑，当地人叫这里做"过水磨"。书屋之旁北侧有小楼，设飞道沿墙曲折经"绿阴深处"廊顶而至船厅二楼，有些像水埗码头的洋桥，体形特别，奇巧多趣。这一组群建筑的西南两面，基本为曲尺地形，由矮栏和漏花墙划分成3个平庭，设一些花台、金鱼池等，是岭南庭园平庭中常见的布置手法。平庭西南垒小冈，基石的叠砌颇浑厚，也是"平冈小坡"的做法，原日遍植桂花，上筑方亭曰"花觇"，登临可俯瞰西面池塘水局。

园的西部为水庭，是全园的主要景物空间，池作长方形，沿池绕以矮栏，周围分布各种不同类型的建筑，其中包括亭榭、书斋、厅堂、船厅和廊等，造型轻巧玲珑。这些建筑的位置与池塘的关系，看来是经过一番斟酌的，例如有低近水面，架空庋越的水亭水榭("澄漪亭")，临水而较隐藏的小斋("碧溪草堂")，近水的船厅，隔以前庭的"惜阴书屋"和高出池面的山亭("花觇")等；总之，形形式式，前后高低，构成一组以水塘为中心，参差错落，起伏呼应的建筑群。过去沿池东岸多植垂柳，作为水庭与平庭的过渡，构成渗透的空间，并将水廊水亭以"绿杨春院"榜之，因而更显得这部分具有自己独立的空间组织；"奇亭巧榭"，池馆楼台，加以花木掩映，枝影扶疏，在舒徐闲雅中有雍容华丽的感觉。

总的布势上，清晖园不是直接附于宅第，而是隔一条小巷正

对住宅，由正屋从西门或跨过天桥入口，因此，园的布局，完全
是结合使用的功能来安排的。首先通过天桥直接联系水庭，便利内眷
的往来和玩赏。其次经由西门"绿潮红雾"小院，对着"花罳"亭，
进入中部庭院，为主要宴会宾客之所在。最后东部，距离主屋较
远，并设有独立的出入口，宜于退居静养。这些处理的方式，虽
然带有封建意味，如果今天只从布局的角度来考虑问题，仍是有
它的启发性(图4-37～图4-44)。

9.广州泮溪酒家

广州泮溪酒家位于广州西关龙津西路荔湾湖畔，和北园酒家
同为解放后建筑起来的庭园酒家，是一种公共服务业的建筑。因
而在布局和结构上，都和居住性质的庭园有所不同，具有它本身
经营管理的特点：如选点要求接近风景名胜，又要求交通便利，

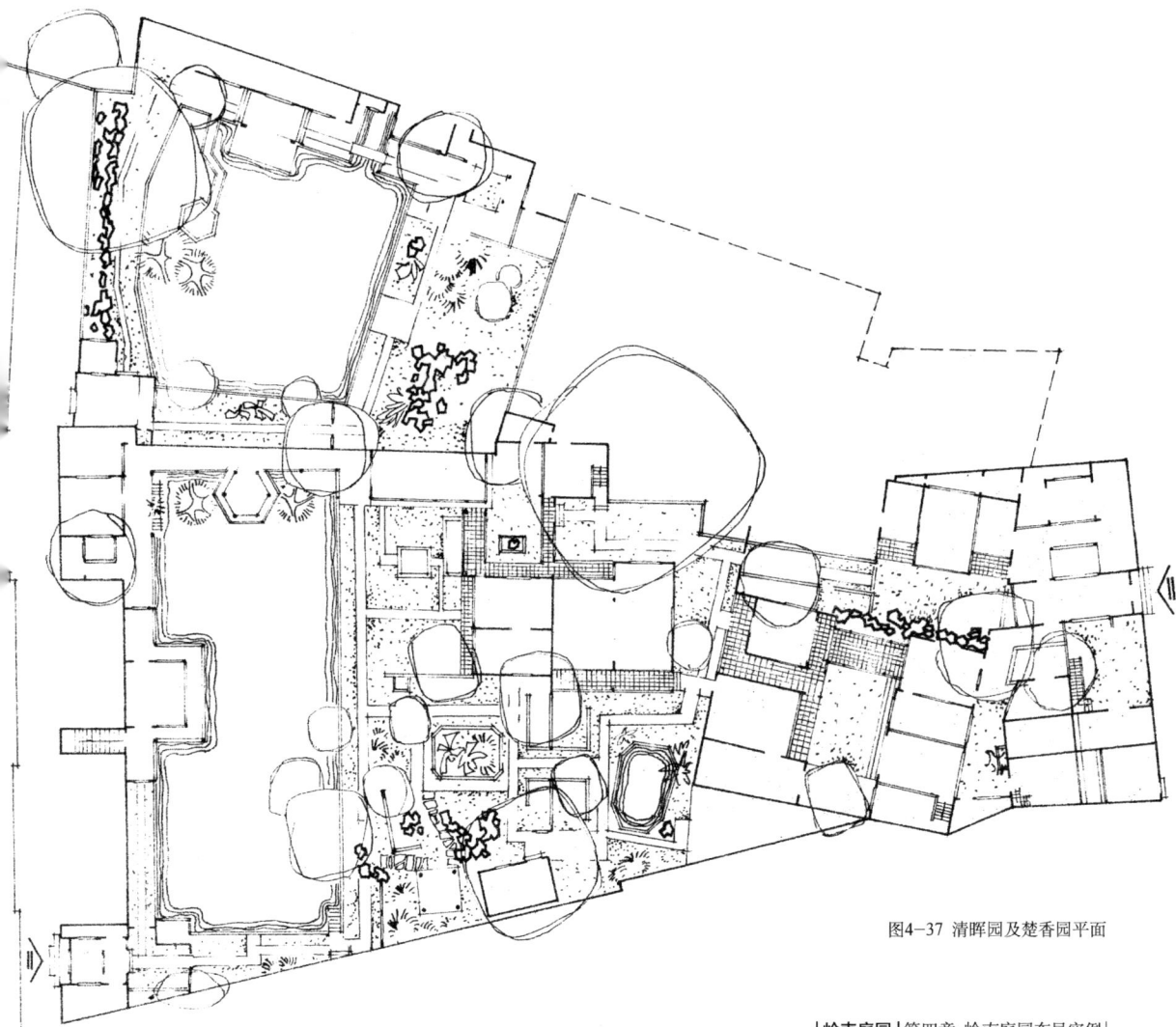

图4-37 清晖园及楚香园平面

1.入口门厅
2.澄漪亭
3.碧溪草堂
4.狮山
5.绿阴深处
6.花岜亭

0 ⊢⊢⊢⊣ 5m

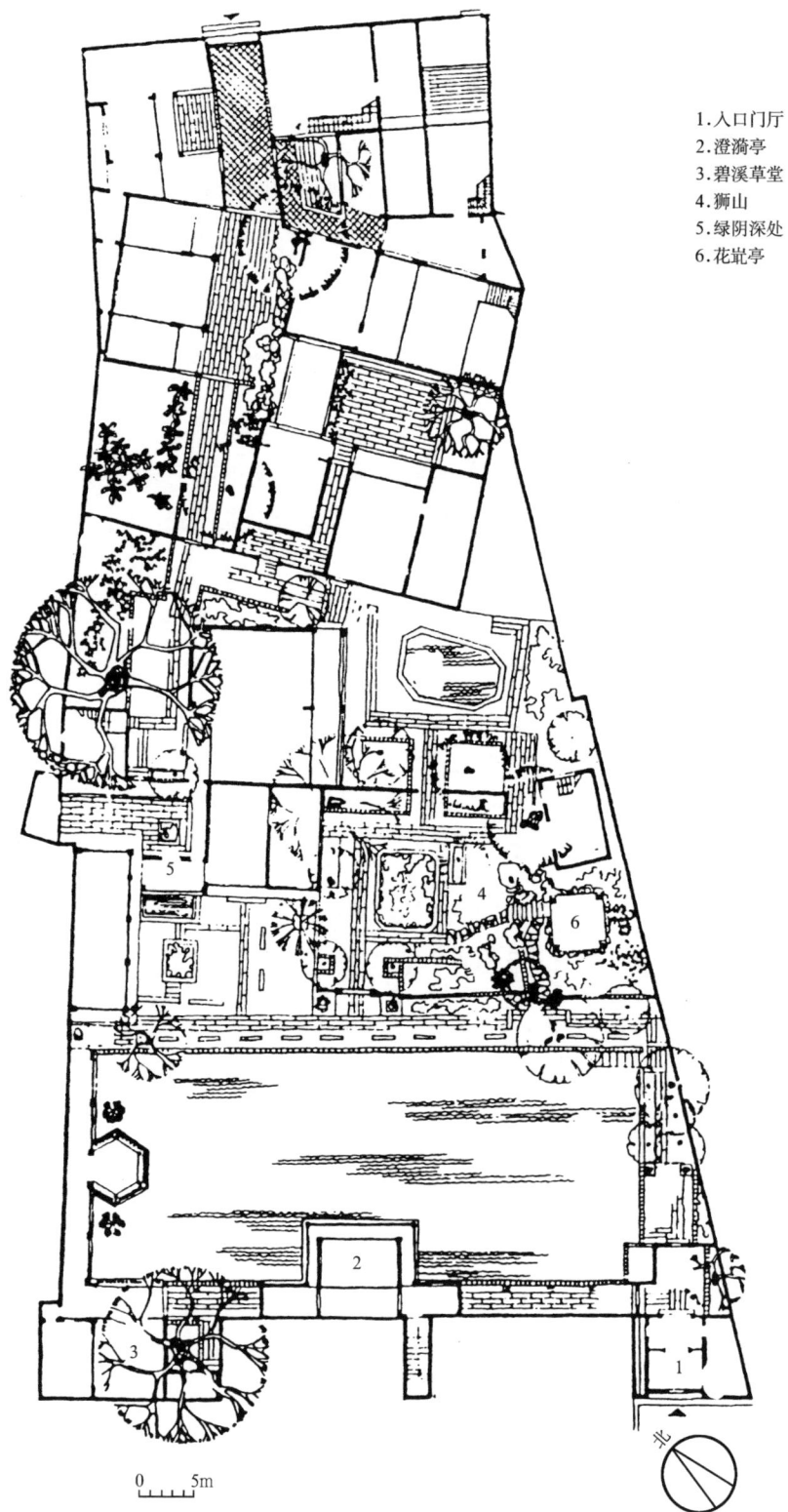

图4-38 清晖园平面

图4-39 清晖园鸟瞰(叶荣贵作)

图4-40 清晖园——楚香园立剖面(水庭部分)

图4-41 清晖园立剖面(水庭部分)

图4-42 清晖园水榭(澄漪亭)

图4-43 清晖园,从水榭看六角亭

图4-44 清晖园六角亭

靠近马路。在平面交通组织和布置上，要适应大量人流的要求，但是局部处理，又要适当有一些起伏回曲的局势。建筑设计既要合乎使用功能，亦要考虑到作为景物空间构成的一部分。至于建筑内容，主要分营业和生产两部分，附带一些管理办公的地方。客座分为厅堂、散座、房座和接待贵宾专用的厅房等。

全园布局由两组串列的园庭综合而成，有3个平庭和一水石庭。从东面进入门厅至对朝厅(宴客大厅)，中间为一平庭，略有水石点缀，以绿茵和桂花为主要景物。庭西为水石庭，两庭之间以桥廊约束空间。水石庭开池架山，借以扩大空间，壁山负楼构筑，结合梯廊(爬山廊)建"山楼"。楼为曲尺形，西面可俯瞰荔湾湖，是最好的借景处所。全庭为山池局，空间组织起伏盘旋，颇具自然佳趣。北院是内庭布局，运用回廊曲院，层次深远，曲折幽邃。(图4-45～图4-49)。

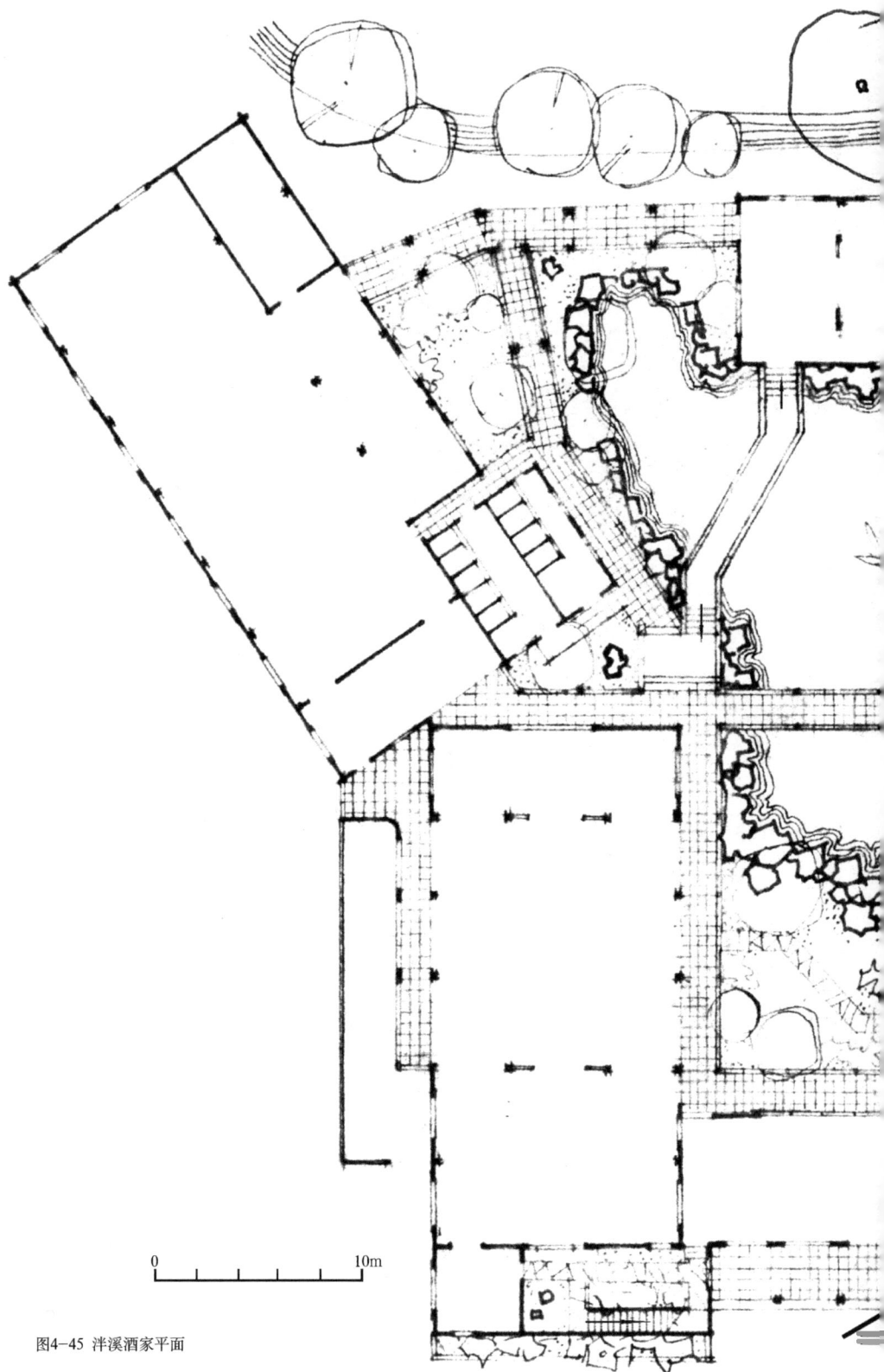

图4-45 泮溪酒家平面

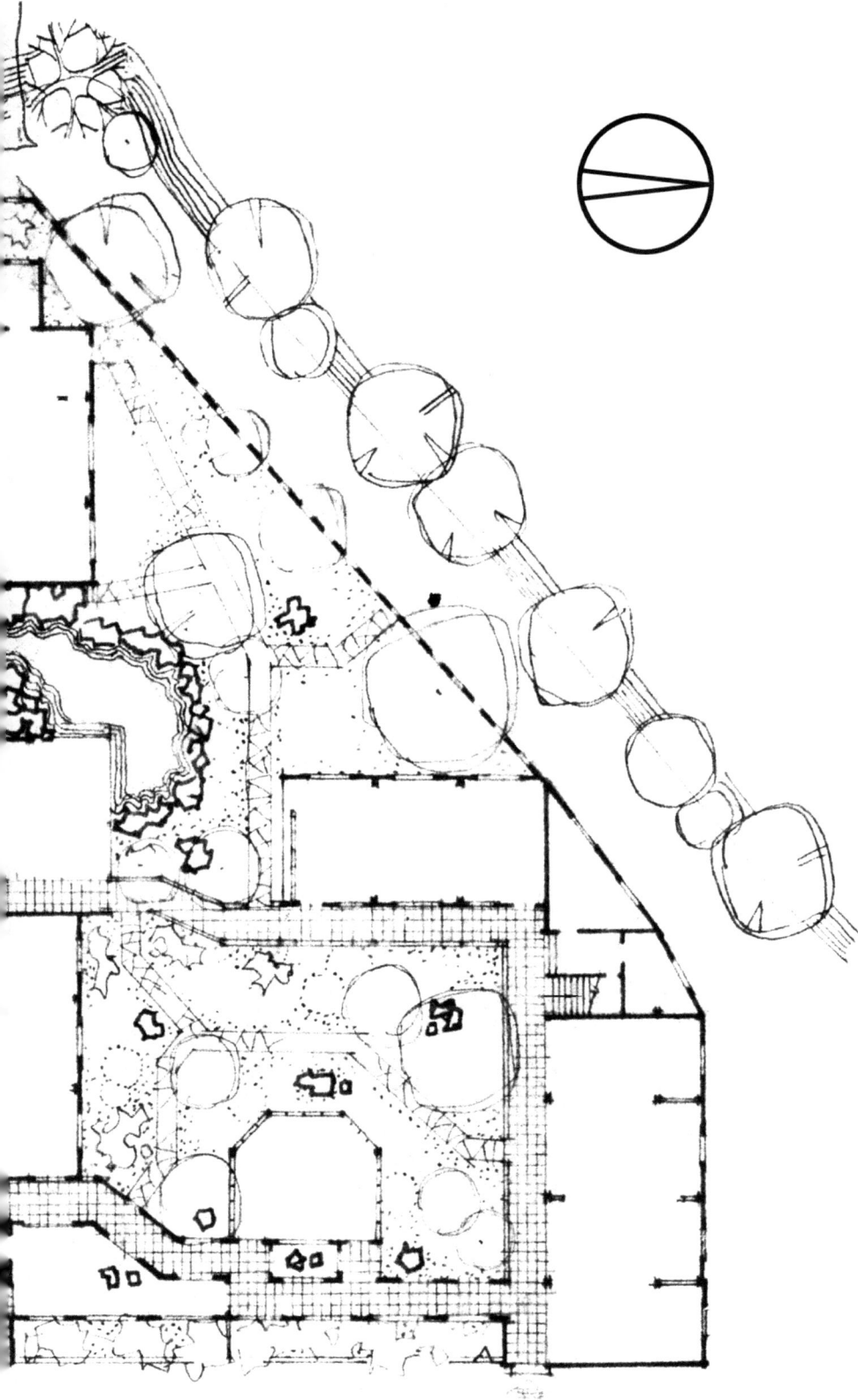

图4-46 泮溪酒家正面(东立面)

图4-47 泮溪酒家立剖面

图4-48 泮溪酒家水石庭

图4-49 泮溪酒家：透过大花罩望大餐厅内景

5

第五章 岭南庭园建筑特点

第五章　岭南庭园建筑特点

庭园建筑，要求具有轻巧的体形，明快的格局，通透开朗和活泼多姿的造型，而其细部处理，实为关键。

岭南由于气候温和，建筑手工艺特别发达，取材范围也较广泛(包括地方及进口材料等)，并因生活习惯上的要求、传统艺术和爱好等等条件，反映在庭园建筑上，如建筑类型的运用，平、立面的形式，色彩调度，装修处理，以及结构装饰等方面，都具有鲜明的地方风格。

1.建筑类型

在建筑类型的运用上，岭南庭园表现最大特色有下列几方面。

(1)综合类型的创造　岭南庭园规模较小，建筑组成比较简单，因此，建筑类型要求特别简练，而又配置得体，功能和目的性明确。澄海樟林西塘整个庭园建筑仅由一厅、一楼和两亭构成，但却主从有序，内外协调。例如船厅是舫屋和楼厅几种类型的综合体，它的平面是舫，主面则像楼，而用途又类似厅。在小型庭园中只要运用一幢船厅，便可兼有楼厅之用和船舫之趣。又如以轻巧的花厅代替厅堂，从位置和功能上它是庭园的主体，在体形上则接近斋馆一类的小型建筑，但较为轩敞，装修亦特别精巧华丽，与斋馆简朴明净的风格有所不同。

(2)外来类型的吸收　岭南由于地理环境关系，接触外来事物较早，在庭园建筑方面也受一些外来的影响，如广州逢源北街84号的庭园，穿过一座西洋古典式"水阁"(图5-1)，然后沿山溪小径逶迤登假山，造型简朴，与水石景亦颇协调。潮州饶宅"秋园"的云楼轩及潮阳西园的水楼和花厅，都是用平顶结构来处理的。

(3)罕见的建筑类型　岭南庭园建筑实例中有些类型的运用，在国内各地实属少见，如高达4层的望楼(可园的可楼，图5-2)，深

图5-1 广州逢源北街84号某宅花园中的
西式古典式水阁

图5-2 可园可楼

入潭中的水窟(潮阳西园的水晶宫)，"迷楼"式的楼房组群(可园的绿绮楼、可舟、可楼等整个楼群组)，亦有翘然独立，轻巧玲珑的"仙楼"式小楼(大良八闸某宅内庭的小楼)。其余如可园内各种形式的台、西园的洞房及螺旋梯等，均为不常见的庭园建筑类型。

2.平面与立面

庭园建筑的平面布置，普遍是将厅堂楼馆和走廊结合起来处理，广州所谓"前后走廊"，亦即《园冶》中的"前添敞卷，后进余轩"的做法。走廊不仅是联系交通的廊道，同时还解决了南方建筑对气候上实用的需要。在一些厅堂之类的建筑，若没有前廊作为空间过渡时，敞口厅会过于暴露，阳光和辐射会使人觉得炫耀而不安静。夏雨季节，不关窗户就进雨水，关上又感到闷热，有了走廊不仅这些问题得到解决，而且使建筑的造型也轻快通敞。潮州一带的庭园，贴着厅堂正间的前走廊、凸出一座开敞的"抱印亭"，如潮州饶宅花园的花厅，太平路甲第巷半园的花厅，樟林"西塘"的花厅等，都是采用这种平面处理。另外有些贴着厅的后面凸出一座"过墙亭"，作为后园的空间过渡(潮州太平路城南书庄)，这些做法正是前卷后轩进一步的发展。有了前后廊的掩护，便有条件采用敞口厅，运用玲珑通透的木雕，纤巧精致的装修，如落地屏门、漏花窗、花罩和通透的分隔等，使内外空间互相渗透，内外景色掩映可窥，构成岭南庭园建筑绮丽轻巧的立面。

屋面构造，除了厅堂一般用硬山，小亭部分用攒尖外，其余大多数屋面都是用歇山顶。歇山做法与北方的有些不同，它是在人字屋面的山墙上加单挑出檐构成歇山的形式，因而出檐较浅，结构简单，山面较突出而有陡峻的感觉。由于这种歇山顶构造简易，所以采用范围广泛，从楼阁以至山亭小榭，而且不仅应用于方形的平面，即八角或六角形平面都一样采用，如余荫山房的水厅(图5-3)和西塘的六角拉长亭(图5-4)。

3.建筑色调

庭园建筑色调，以淡雅素净为主，避免眩耀及激动的颜色，尽量运用材料原色，以取得良好的质感和真实耐用的感觉为原则。承重外墙一般用蟹青色水磨光砖，衬以花岗石或红砂石脚

图5-3 余荫山房的八角形水厅

图5-4 澄海西塘的六角拉长亭

线，色调沉实典雅；混水墙则很少直接暴露，可能由于阳光过于
眩目；漆饰主要用山漆原色(黑或荔枝核色)，避免大红大绿的色
彩。为了使建筑物的色调雅淡而不沉重，既娴静又活泼，在局部
墙面的细部，或就整个的建筑体量上，运用色彩的对比变化来取
得活泼多彩的效果。例如在一幅水磨砖墙上开一个八角或圆形小
窗，缀以彩色玻璃，或者正间全部用木装修，偏间墙面则用水磨
砖墙(图5-5)，使透明的彩色光泽与素雅的蟹青砖色互相衬托对
比，有浓有淡，有虚有实，沉实中显活泼，素净中见华丽。在立
面的上下部位经常也运用不同的材料，如可园的绿绮楼二层前廊
用木柱，底层柱则用红砂石，巧妙地利用不同材料颜色和质感来
取得对比的效果(图5-6)。

　　岭南庭园建筑色调，不仅限于材料质感和颜色分量对比的
关系上具有其特色，另外还有"园景套色"的手法。建筑的色调
不只限于静止的漆饰，或者材料颜色，透过不同的套色玻璃，可
以看到同一楼台园景的色调瞬息多变。由于套色玻璃的运用，在
不同的角度，透过不同的颜色玻璃背光，显出不同的色彩，建筑
和园景的色调，随着人们的移动而有所变幻。例如当园中白日晴

图5-5 清晖园归寄庐楼厅：正间木装修，两厢为水磨青砖墙

图5-6 可园绿绮楼

天之际，从户外蹀入室内，透过蓝色玻璃窗回望，会觉得室外正是雨雪重阴，而不是刚才在园中所领略到风和日暖的景色，这必然会在感觉上发生突然的变化。不仅室内外之间色感关系有所不同，即使在一室之内，透过不同颜色玻璃，也会觉得园景的色调不断在变幻(邱园绛雪楼题咏，不少是描写彩色玻璃的意境：招得紫霞片，来嵌绛雪楼，朝晖看万变，霁月散千愁，绚烂新裁锦，聪明净涤瓯，文心传曲曲，倚遍画阑收)。同是一个园景，当冬季寒风凛冽之际，透过套红的玻璃看去，好像正在阳光照耀之下，使人顿时觉得煦和燠暖；相反的，在炎暑夏日中，透过蓝、绿色玻璃，就会使人有飒飒生寒之感(郭老对泮溪酒家的题咏，有"隔窗堆然南天雪"正是指此中境界)(图5-7、图5-8)。这种动态和多变的"园景套色"手法，是岭南庭园建筑在色彩运用上颇有特色之处。

4.结构与装饰

为了使建筑更丰富多姿，结构部位往往加以雕琢装饰，这样既可增加表面的观赏趣味，又能和实用需要的内容统一起来，是耐人寻味的细节。常见的结构细部装饰有如下几种：

(1)拱架　走廊步架，一般不用重柱驼梁，而是采用图案化的

图5-7 泮溪酒家餐室，郭老从蓝色玻璃窗外望，见外面似北方之雪景，遂赋诗"隔窗堆然南天雪"

图5-8 郭沫若题泮溪酒家七律一首，1962年2月

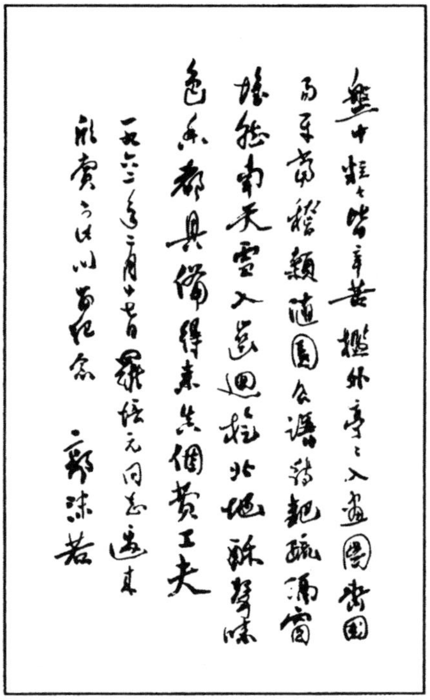

拱架，做法有下列几种式样：

1)卷草架：主要用于卷棚屋顶，以卷草拱架来承担正心桁内的4根桁条，卷草的图案，须根据桁条的位置而定，余荫山房长廊的拱架是用这种图案。卷草图案活泼柔和，富于装饰趣味。

2)博古架：卷棚或一页洒(单斜)屋面均可应用，它的构图也是按桁条位置来处理，群星草堂走廊拱架有卷棚和一页洒两种做法(图5-9、图5-10)。潮州廊下喜用"方屈"(即博古拱架)，在漏空位饰以虾蟹狮子花果等通雕，或仿竹头雕饰，富于地方色彩(图5-11~图5-14)。

3)拱板架：余荫山房及清晖园都有采用，基本上是博古形式，但构图密实，空位地方也刻一些瓜果(图5-15)。

(2)攒角 广州对雀替、花芽子、湾门和撑拱等没有详细的区分，不论什么地方，在两个构件直角相交之处，镶有三角形的木刻时，统称做"攒角"，即在角的部位加以填充迫紧的意思(图5-16)。用于梁柱，或者挑枋和柱之间的"攒角"，虽然只是一块小零件，但由于它的比例恰当，构图多样性和雕刻精致，使原来直角呆板的空间有柔和的感觉，简单乏味的梁架结构变得活泼

图5-9 群星草堂花厅走廊卷棚拱架

图5-10 群星草堂走廊"一页洒"拱架

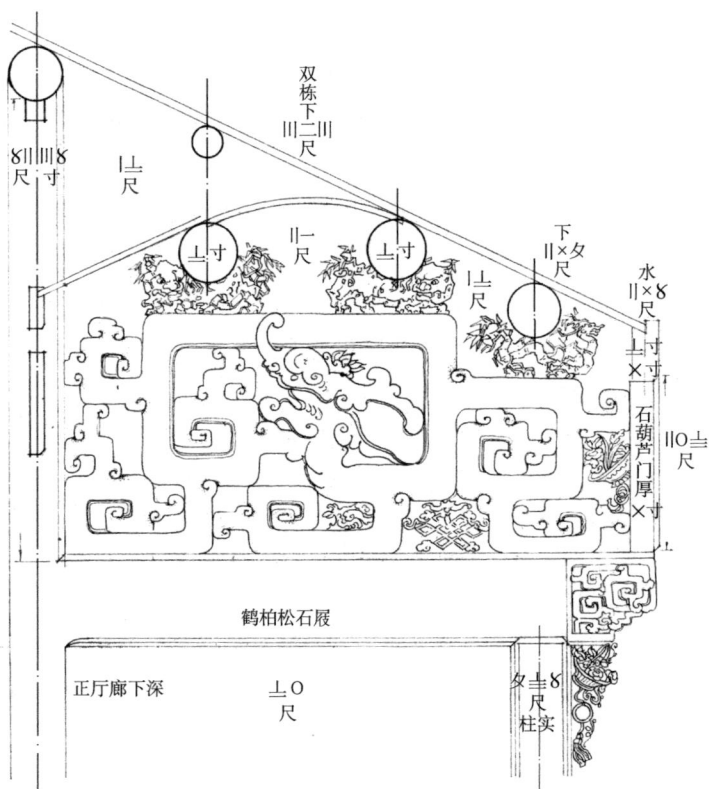

图5-11 潮州木作匠师拱架手稿——拜亭

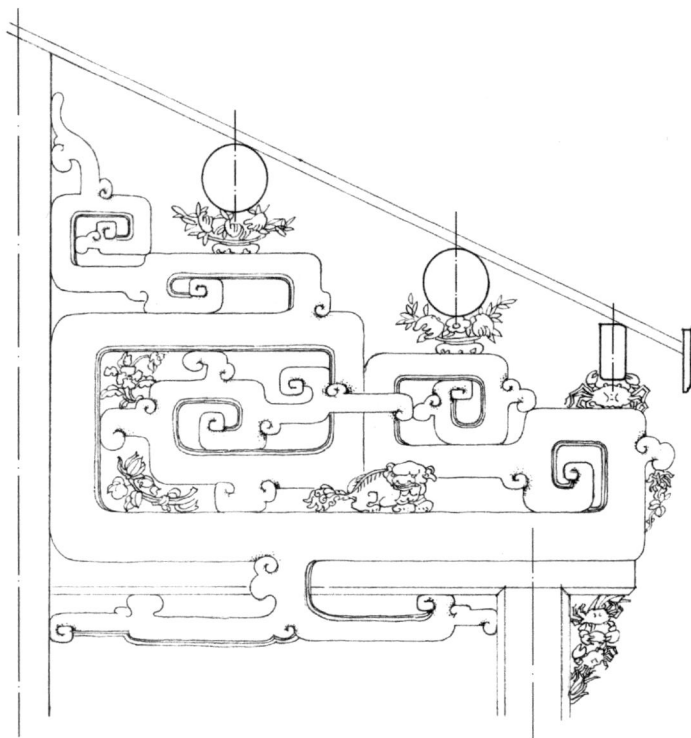

图5-12 潮州木作匠师拱架手稿——前厅廊下

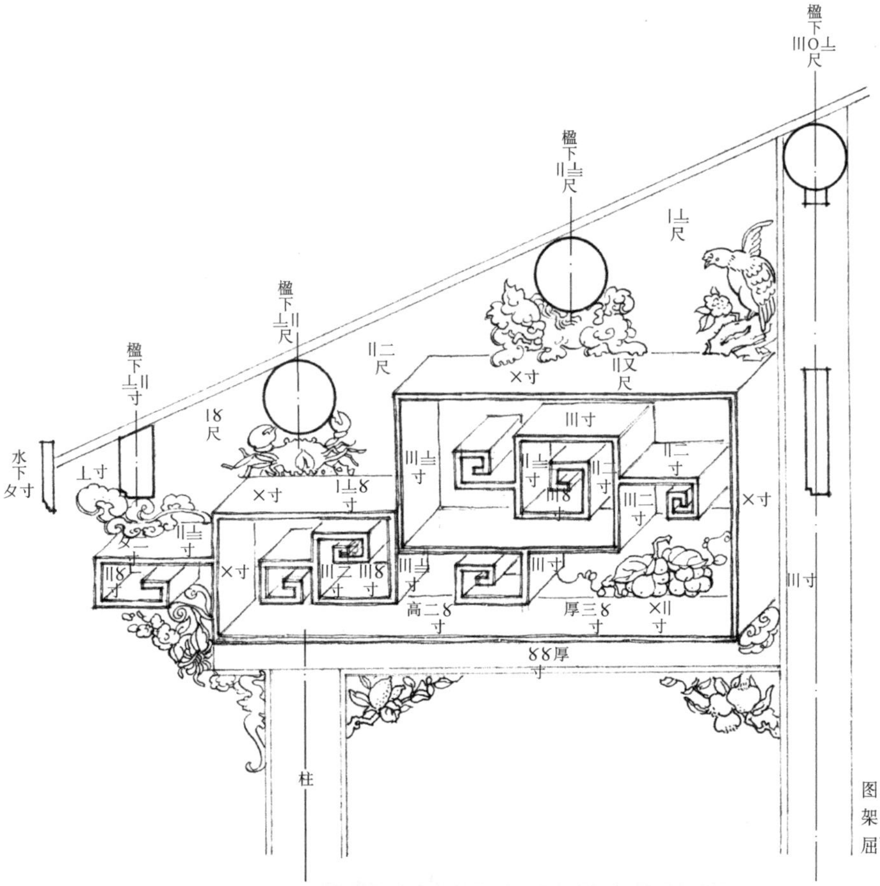

图5-13 潮州木作匠师拱架手稿——前厅廊下"方屈"

图5-14 潮州枫溪某宅檐下拱架"方屈"

110

图5-15 清晖园拱板架

图5-16 清晖园船厅檐下攒角

有趣，形成装饰和结构合为一体，从实例所见的攒角有夔龙、博古、卷草(西番莲)、流云、瓜果等构图。

(3)挑枋　凡伸出挑承重量的构件，广州叫做"挖鸡"，潮州称为"屐仔"，两地读音相近而义同。挑枋外端往往刻夔龙、博古等简单浮雕，如清晖园及可园等处所见。潮州建筑喜欢在这里作重点装饰的处理，缀以纤巧的通雕，它的题材极为有趣，富于地方风味；最常见有博古花、龙头、竹头龙。这些木雕剔透玲珑，全部贴金，富丽夺目，是有名的潮州木刻工艺之一部分。

广州一带的硬山结构，一般用榫头逐级起线挑出，但清晖园所见则仍用挑枋；博缝由于用挑枋关系，在山墙一般用灰塑，挑枋则用木板，做法很特别。

(4)吊柱　潮州的出檐，普遍在挑枋下面用吊柱，吊柱下端以木刻垂花作为重点装饰，当其运用于六角或八角亭的檐下时，看去绕着一围围垂花，甚为别致美观。

5.出檐构造

岭南庭园建筑的出檐及翼角做法，造型和结构都具有独到之处，简易而又轻巧，为南方建筑风格特征之一。

(1)出檐　一般是用桷子单挑出檐结构，间或亦有用硬檐的单挑出檐做法，而广州地区又与潮州有所不同：

1)广州的出檐做法：由柱挑出的"挖鸡"(挑枋)多为硬挑，山墙挑出的则多用软挑。挑枋上面承水桴(挑梁)，水桴中线距离柱中或墙中约为60~65cm，由水桴按1/4跨径斜度上引至柱中的二桴(正心桁)，如承重结构非木柱而是砖墙时，则二桴要露出墙外一大半，承托在挑枋的托板上，外墙面在二桴底收口。水桴上面为桷子，厚约2.5~3cm，伸出水桴外缘5~8cm，桷之上为飞桷(亦称飞唇)。飞桷的作用类似飞椽，由于桷的厚度有限，挑出不能过多，为使出檐可以深远一些，利用飞桷挑出，是广州一带出檐处理的特点(图5-17、图5-18)。飞桷造型由两个反曲面做成，往下修削成蝴蝶尖有点像猪鼻，颇为别致，广州人将它叫做"猪鼻云"(图5-19)。飞桷伸出封檐板外10~30cm，后面则在水桴和二桴之处钉固，挑出的长度没有一定的规定，主要须看出檐的造型要求，及与庭园空间环境的结合；例如可园的可楼和绿绮楼，挑出均在30cm以上，这因为是高楼杰阁，空间限制不大，多挑出一些，

图5-17 清晖园出檐仰视

图5-18 清晖园硬山博风出檐

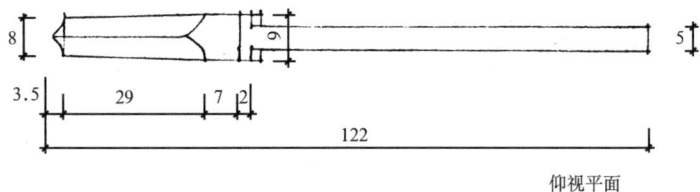

侧面

图5-19 可园望街楼猪鼻云(飞唇)大样
(单位cm)

仰视平面

更能荫蔽风雨，造型也会更觉窈窕轻快。至于道生园的"问花小榭"侧甚至没有用飞桷，主要是院子太小，出檐过多，反而使院子的空间拥塞。飞桷外缘以小木条连起之后，就可以在桷子上面铺盖板瓦和做辘筒，檐口滴水(勾滴)一般挑出飞桷约5～8cm，总的出檐为70～100cm。

2)潮州的出檐做法：由于所用桷子较厚(4～5cm)，直接挑出水桴外约50cm，不再采用飞桷，做法有些和西南内地的单挑出檐类似，水桴由"展仔"(插拱)承托，插拱之下则用名符其实的撑拱，而不是所谓"攒角"。

3)硬檐做法：在没有前卷的两厢墙面或临街外墙，很多采用硬檐做法。硬檐牢固耐风雨,南方居民喜于运用。由于挑出很少,一般在檐下作一些重点装饰来弥补出檐过浅和外形局促的缺点。檐下装饰有下列几种的处理:a.分级挑出水磨砖线,是结合水磨光砖墙处理,做法简洁清雅。b.塑莲瓣图案(又称莲花托)。c.塑浮雕花鸟或山水人物横幅。d.做花鸟人物的贴窑,一般为托底做法,但亦有贴平瓷的。前三种为广州地区的做法,后一种流行于潮州一带。

(2)翼角　翼角的构造比较简单,外形柔和平易,既不过于厚重,也不是那么纤巧,是间于北方角科和江南出戗的一种造型。做法有翼角平出和翼角斜出两种。前者为广州的做法,后者流行于潮州。

1)翼角平出:包括起翘和出翘的构造技法。

①起翘　由虎尾(角梁)和枕头木构成,角梁没有老角梁和仔角梁之分,但从可园的可楼和道生园的楼厅所见,角梁的下椽做成两级,这也许是老角梁与仔角梁做法的一种残迹。起翘的效果是否有凌空向上,"如鸟斯翼"之势,要看角梁下缘曲线和它的位置关系。角梁下缘曲线有4点位置是很重要的:a.角梁的外端点;b.角梁的下缘最低点;c.和水桁的交叉点;d.角梁的内端点。从几个实例看,角梁下缘底约低于水桁交叉点9.5~11cm,由下缘底至外端点翘起约为12~36cm,而内端点则放在二桁交叉点上。枕头木的高度与该处的角梁上缘平,枕头木的长度则大约斜至挑枋附近或稍过一些。从可园(图5-20、图5-21)和道生园(图5-22)的实例看来,内端点放在二桁交叉点上的做法,造型简洁柔和,具有南方翼角的特点,但这种做法的角梁弯度较大,需要尺寸较大的木材。新建的泮溪和南园酒家的翼角,将角梁内端点插入二桁的交叉点内,下缘底和水桁的交叉点平,缘底至外端点翘起为47cm。这样做法,角梁的弯度小些,用材较为经济,翘起的效果也还好,为了节约木材,是有意义的尝试。

②出翘　将角梁当中一段出檐特别往外伸出,由挑枋附近起至角梁外端,逐渐增加出翘的尺寸,构成檐口为一条往外舒展的优美曲线。封檐板也大致沿着曲线收束在角梁外端第二飞椽之处。从实例所见,屋角至角梁外端的长度由1.56~2.10m,看造型的需要而定,出翘的尺寸为8~28cm。

甲210

| 50 | 60 | 50 | 50 |

虎尾

$c16$

$d7$

$a34$

柱中线

老虎尾（角梁）

正心方

$d7$

枕木头

二古

虎尾

$c16$

枕木头

瓜柱

瓜柱

a

34

3.5

挖鸡

望板（天花）

$e46$

立面

丙27

天花

柱

额枋

天花装修范围

挖鸡

$丁40$

枕头木

攒角

二古

枕头本

$丁40$

$乙152$

$甲210$

216

天花装修范围

檐口望板

水古

戊25

檐口板

瓦口线

己25

猪鼻云
（飞唇）

庚10

| 12 | 20 | 20 | 22 | 22 | 23 | 23 | 10 |
| 午 | 巳 | 辰 | 卯 | 寅 | 丑 | 子 | |

乙152

仰视平面

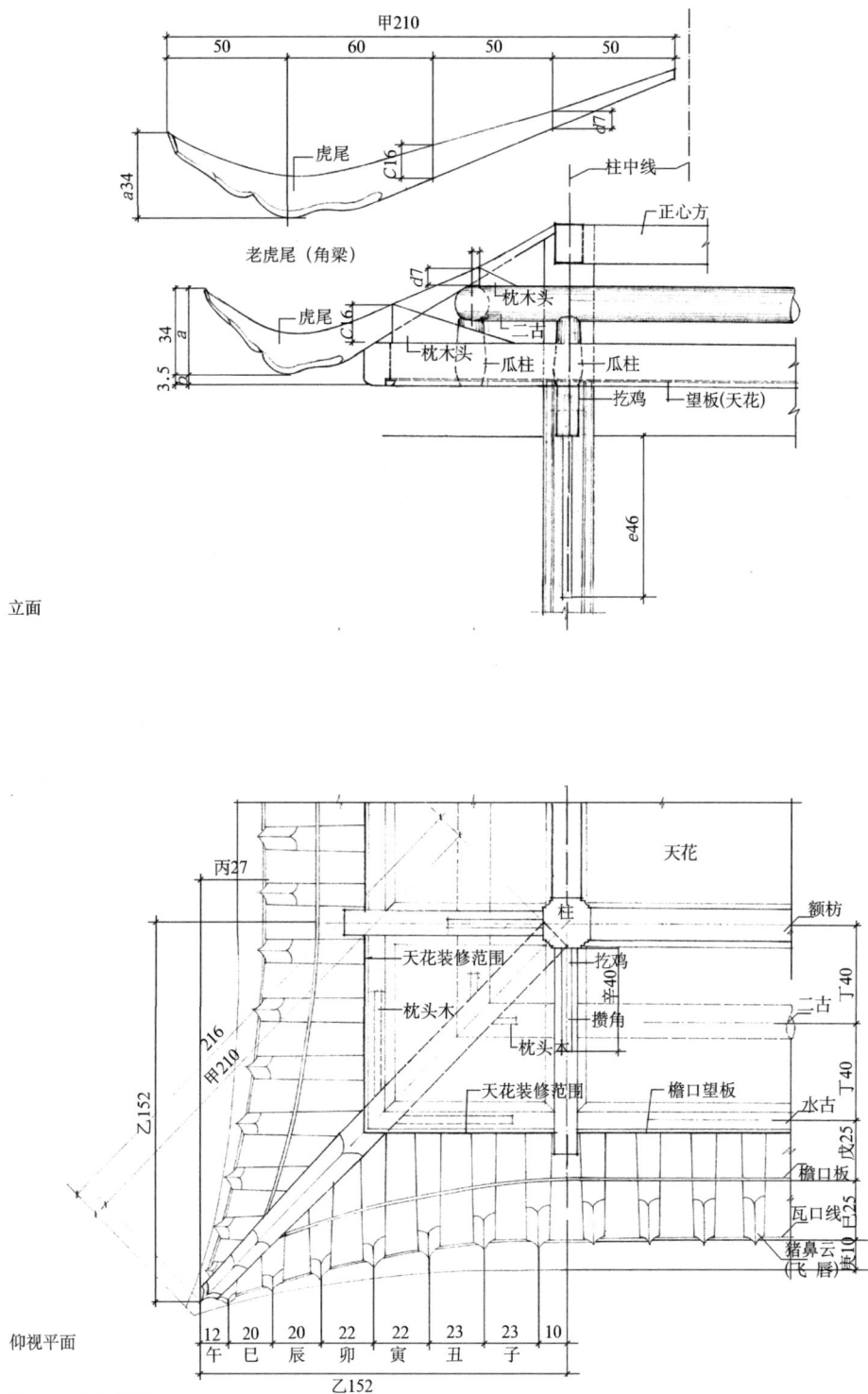

图5-20 可园可楼翼角

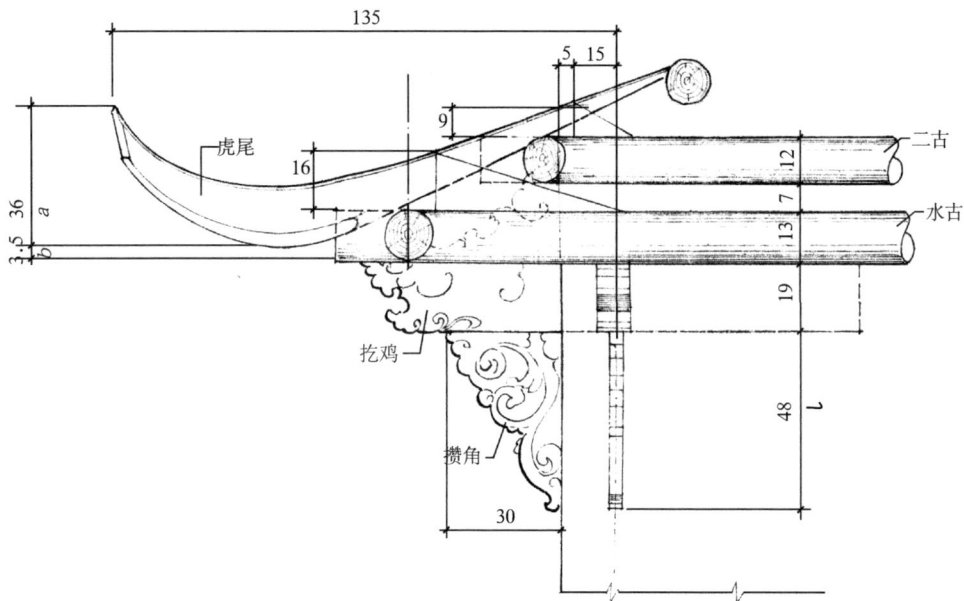

立面

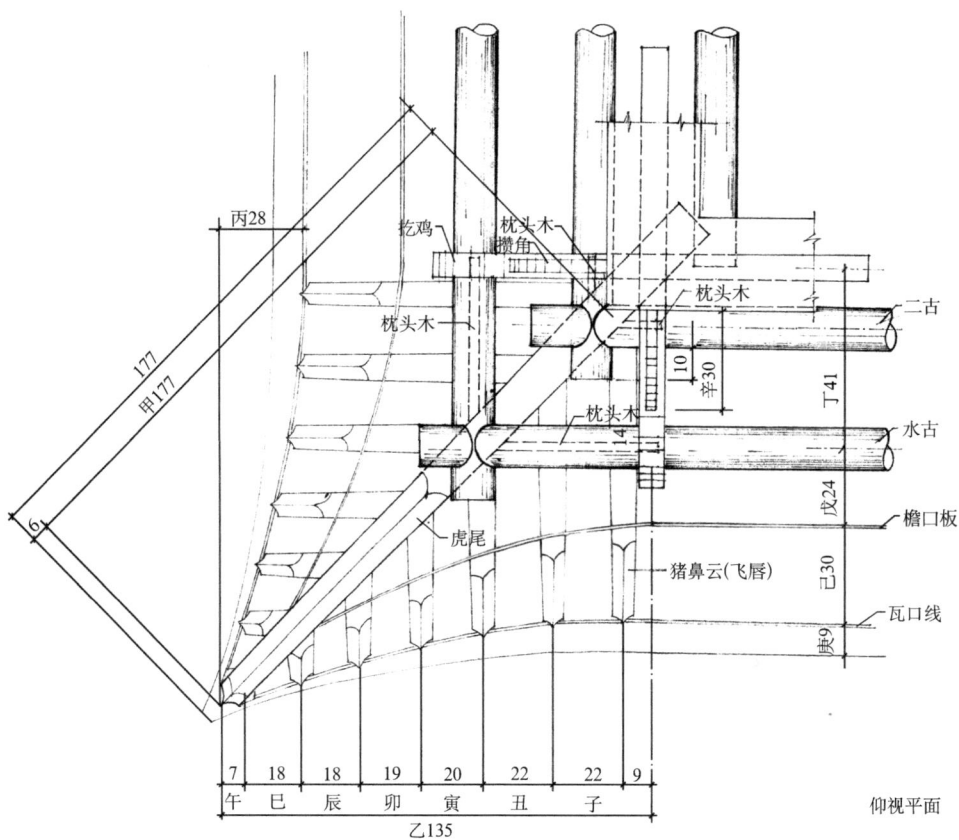

仰视平面

116

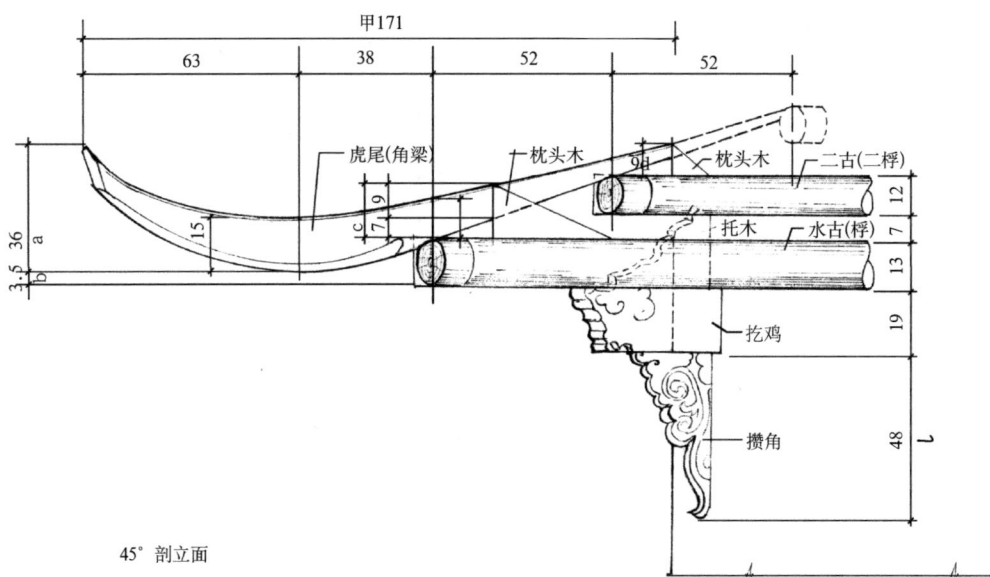

45° 剖立面

图5-21 可园绿绮琴楼翼角

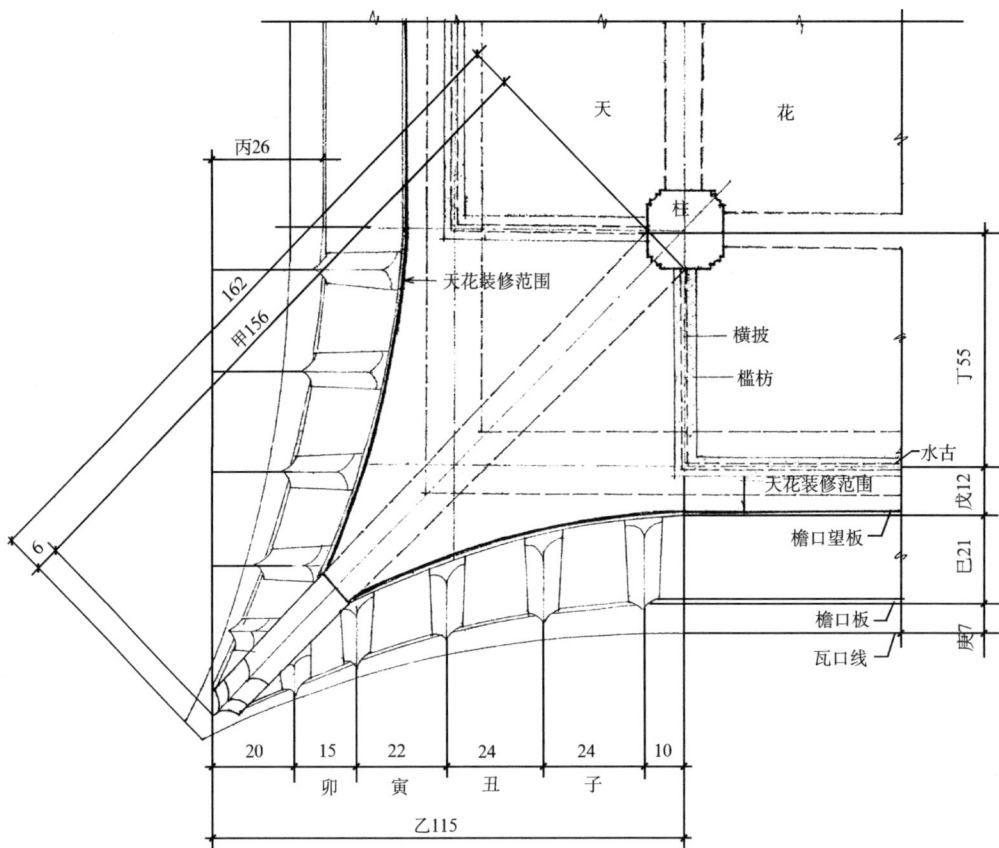

图5-22 道生园船楼翼角仰视平面

③翼角的飞桷　只有在挑枋部位的飞桷是钉在水桴和二桴上，其余愈往角梁外端排列的就愈短，接近外端的三两根飞桷则仅钉固在角梁上，长度亦仅为12～15cm。飞桷的分位从挑梁附近的部位开始至角梁外端，间距逐渐收小。

2)翼角斜出：这是介于翼角斜出椽和翼角平出桷中间的一种做法，仅见于潮州一带，翼角不用角梁，而是由一块大型桷板来代替。见樟林西塘六角拉长亭的实例。

①起翘　由翼角桷板翘起和水桴往下弯曲所构成，桷板翘起不多，约比水桴交叉点高9cm。为了增加翘起之势，将整条水桴做成弓弦状向下微弯，中点最低，交叉点最高，两点高差约14cm，加上述9cm，从外表来看，翼角比出檐最低处起翘23cm。这种起翘的做法，不仅由翼角桷板翘起，同时亦由水桴的下弯高低差相加而成，颇为特别。

②出翘　翼角桷板由柱中往外伸出约为1.80m，而出檐由柱中起计约1.24m，出翘仅5cm左右，实际几乎看不到出翘的效果。

6

第六章 庭园建筑类型分论

第六章　庭园建筑类型分论

庭园中的建筑，由于要满足不同的实用要求，须运用多种多样的建筑形式：如厅堂适宜群众性活动，楼阁高台适宜登临眺远，斋馆曲院适宜息处燕居，亭榭适宜憩息赏景，游廊适宜徘徊浏览。总之，庭园里的生活形式多样，建筑的功能也就不同，不同的功能需有不同的建筑类型，而每一种类型都有它独特的造型及处理，构成起伏变化、丰富多姿的建筑空间。在不同的建筑环境中，就要有不同的位置经营和环境衬托。现就几种常见的建筑类型分述于后：

1.厅堂

厅堂是庭园建筑群的主体，在规模较小的庭园里，如群星草堂和西塘等，厅堂只是一座三开间的建筑；规模较大一些的庭园，则往往是一组群的厅堂，包括主厅和对朝厅，构成一个独立的院子，如泮溪的大厅、对朝厅和门厅所构成的内院。

(1)空间与环境　厅堂一般布置在庭园的入口处和园内主景之间，在接触主景之前，先通过厅堂作为整个庭园的过渡空间。人们首先经过比较整齐华丽的厅堂建筑，然后进入富于自然气氛的园景中心，加强不同意境的对比，从建筑空间过渡到自然空间，这会感到局面豁然开朗，心旷神怡。除了主厅可能有自己独立的院子外，次要的小厅一般和园景结合起来，在空间组织上起着空间界限和风景构图作用，如西园的花厅，是作为两个串列式院子的过渡空间；余荫山房的对朝厅，则作为前后庭的空间分隔处理。主厅的方向以朝南为主，《园冶》有说："凡园圃立基，定厅堂为主，先乎取景，妙在朝南"，不过有时由于地形布局关系，也有例外的，如西塘的厅堂就是坐南向北，但在厅堂的背面两侧留小院子，使南北可以对流通风，这种前庭后院的平面处理，潮州称为"大厝书斋建"。庭园中的主要大厅，一般结合平庭来布局，强调建筑空间的工整华丽，作为进入庭园主景的前奏。但亦有结合水庭布置主厅的，如余荫山房的主厅和倒朝厅；主厅本身结合水庭构成庭园的主景，这和上述厅堂建筑作为进入庭园主景的过渡空间，其所起作用是有区别的。

(2)建筑造型　厅堂平面一般为长方形，尤其是主要的大厅堂，但也有一些次要的小厅，采用其他形状的平面，如可园的亚字厅(双清室)；余荫山房的八角水厅；西塘的花厅，前有"抱印亭"，后有"过墙亭"，构成十字形的平面；而西园的船厅，则由于地形关系作梯形。厅堂立面造型，一般要求"宏敞精丽"，有如《扬州画舫录》描述"荷蒲熏风"之怡性堂"栋宇轩豁，金铺玉锁，前敞后荫"的境界。常见的花厅以三开间为主，如余荫山房的主厅，正间用敞口厅做法，偏间套色玻璃满洲窗，金钱通花窗槛；室内装修全部是檀香木拉花碧纱橱及满洲窗，通透轻快，是典型的花厅建筑。

2.船厅

旧制舫或船房是三开间狭长形的建筑，临流越水，靠山开门，小巧通透，有所谓"三间小屋敞于船"，人坐其中，有泛舟湖上的感觉。岭南庭园在舫的基础上发展为"船厅"。所谓"船厅"一般是包括舫、船房、船楼的统称；它的特点是以二层的"楼船式"占多数，也不一定是靠山开门。

(1)空间与环境　船厅一般沿庭园边界建筑，构成园景的空间界限，有些园外便是邻屋或街道，无景可借，它只起内外空间的分隔作用。有些与邻园相接，如清晖园的船厅背后临楚香园，互相借景(图6-1、图6-2)。另外有些园外是一片水面，如西塘和可园的船厅外临大塘，荔香园(已毁)及小画舫斋的船厅则沿小涌，从远看活像舸艓轻浮水面，使得内外景色由船厅联系起来(图6-3)。船厅布置于园景之内的，如群星草堂船厅，设计在水庭与平庭之间，作为两庭的过渡空间。船厅的建筑环境，顾名思义，最好是临水建筑，如上述各园的船厅均属这一类。但亦有些船厅结合平庭建筑，水面不多，或者只是在"靠山"附近有些象征性的水面；甚至有些根本没有与水结合，如广州西关兴贤坊10号某宅的船厅，只是作一种建筑类型而存在，与旱船类似。另外有些寺观

图6-1 从楚香园仰望清晖园船楼

图6-2 从楚香园仰望清晖园船楼

图6-3 小画舫斋船厅(临荔湾涌)

庭园的船厅,如西樵山白云洞的"一棹入云深"和萝岗洞萝峰寺的船厅,它们的特点是不靠水而临崖,白云洞船厅从题匾"一棹入云深"看来,显然设计的意图是:在深谷中,烟云拥舞,狭长的船厅以云为水,好像在云天泛棹,引起人们有天外仙舟的幻想。

(2)建筑造型 从实例所见,船厅大概可以分为船房、舫屋和船楼三种:

1)船房:为狭长形的平屋,如白云洞山庭的"一棹入云深"(现已扩建)就是这种形式,由于是临崖建筑,后面为山庭,为了不影响楼亭的视线,建平房式船房是比较适宜的。船厅周围绕以卷棚走廊,翼角高翘,有点像蝴蝶厅的做法,在岭南庭园中为例不多。

2)舫屋:群星草堂的船厅是这一类形式,前为平屋,后截有楼,比较像一艘画舫。但其不是靠山开门,外形又甚为简朴,有不事雕琢,如横塘废宅,横出水中的意境(图6-4)。

3)船楼:是岭南庭园中最常运用的形式,它的造型基本上是楼,但平面和建筑环境又属舫,而功能是供宾客宴会,有点像厅。在一些没有楼和舫,或厅堂不够轩敞精丽的庭园中,如清晖园就是以船厅作为最突出的建筑来处理,装修细部特别精丽,同时也起着楼、舫和厅几种作用。从实例所见的船楼，楼上大都虚前作台，其平面有几种不同的处理：a.清晖园的船厅和可园的"可舟"，楼梯与船厅不连在一起，可舟是经过曲折的走廊与梯屋连接。清晖园船厅的体形最奇特，在船楼之后有独立的小梯屋，与船楼不直接相通，登小楼后要经过室外曲折的飞道才能到达船厅二楼，形成一组非楼非阁的建筑。这座船厅高冠全园，位于园景中心地带，装修精美，体形轻巧，是岭南船厅中比较典型的例子。b.小画舫斋船厅的楼梯设在建筑物内，进深和体形较大，二楼临台可以浏览荔湾湖景物。c.西塘的船厅基本上是单幢建筑。西端接假山，东连平台，梯间在平台与船厅之间，和船厅半分半合，二楼正开间临水一面凸出干阑式的"过墙亭"，形成凸字形的平面。

3.楼阁

楼阁在庭园中的作用，主要是供登临眺望和游憩活动，同时构成高低起落的轮廓，飞楼杰阁的景观，既解决实用需要，亦增加庭园景色。

(1)空间与环境　楼阁在空间结构中，主要是庭园建筑群的制

图6-4 群星草堂舫屋式船厅

高点。一方面扩大庭园的空间范围，另一方面补充地形起伏之不足，并且多数建在园内外分界的地方，作为园景的空间界限。当园外有景可借时，它又是园内外景色的过渡空间，从它的环境衬托中可分为几种处理形式。

1)平庭的楼阁：如可园等庭园，一般放在厅堂建筑群之后，这是由于要前低后高的关系，《园冶》有说："依次定在厅堂之后"。但新建北园酒家的主楼，由于兼为大厅堂及更能符合群众使用的要求，便放在进口和庭园主景之间，作为过渡性的建筑空间。

2)临水建楼：要有较为开阔的水面，否则便会楼大水小，局面局促，新会城圭峰招待所的主楼是临水建筑，沿湖一面有厅、廊、亭、台等，起伏虚实，衬托得宜，并有部分戉越水面。这座楼位于平庭与水局的分界处，作为两个庭的过渡空间。

3)楼阁与水石景结合：这种处理形式的特点是运用石景空间和建筑空间的结合，使人们以为楼的一层是建在山上，它在水石间有几种不同的空间结构。

①接山临水 西塘的船楼西面紧靠假山，接着蜿蜒而来的石

图6-5 西园：透过飞梁下的岩洞西望水楼

图6-6 北园主楼

壁，楼层好像建在山石上面，从北面看来又好像倚石建筑，超越水面。

②隔水对山　西园的船厅和水楼临潭建筑，对岸壁山沿潭南绕与小楼相接，层层有洞房可通，石景的空间与室内空间互相渗透，从山洞进入内室，是楼是山，有点迷离难于分辨(图6-5)。

③依山面水　泮溪的壁山负楼，假山在楼的前面，底层给石景掩映堆叠，隔水仰望，楼层恰像建在崖壁之上。从石梯登楼，又似是登山。

4)山楼：与临水建楼的情况恰恰相反，它是结合山庭建筑，如白云洞山庭的小楼，将垂直坡势分成三级，逐级建筑，上下相接，远望有"层阁重楼"的气派。

(2)建筑造型　楼阁的造型除船楼外，有下列几种形式。

1)单幢式的楼：结合使用性质可分为几类。

①重屋式厅堂　为两层楼的厅堂，适宜群众性的使用要求，上下布置与厅堂一样，如北园主楼是采用"三间两夹"的平面，

双层前廊，室内装修也采用厅堂"宏敞精丽"的调子(图6-6)。

②斋馆式小楼　一般结合内庭小庭或水石景，体型小巧玲珑，"狭而修曲曰楼"，所指的是这一类，如可园的绿绮楼，西园的水楼，道生园的小楼(图6-7)。道生园小楼临池一面两开间有前卷，为敞口厅，另一开间后退，虚前形成一段曲廊，并设有美人靠，上面装置活动木百页窗作遮阳处理，外形轻快活泼，装修简洁清雅，平面既不对称，造型又不落俗套。

③望楼　形体高峻，为登临眺远的最佳处，东莞可园的可楼属于这一类。

2)组群式的"迷楼"：庭园楼阁，以单幢式的较普遍，成组群而就平地建筑的实例则少见。《扬州画舫录》"四桥烟雨"中对澄碧堂和光霁堂有过这样的描述："广州十三行有澄碧堂，其制皆以连房广厦蔽日透月为工，是堂效其制"。庭园建筑中所谓"连房广厦"组群式的楼房，很可能当时是受到外来的影响。可园的楼阁组群，在庭园建筑中是国内罕见的形制。它是由可楼、绿绮楼和可舟等组成，包括有4层高矗的望楼，窈窕幽邃的小楼，明快通敞的船楼，构成为全园空间结构的主体。

屋面结构以歇山为主，局部用硬山或悬山，因楼阁高度不

图6-7 道生园小楼

同，檐上下重叠，楼台曲折蜿蜒，檐角纵横回抱，从远处看望，每一个角度都是美丽的建筑画面。不仅造型丰富多采，登楼的处理手法也是形式多样，其中有复梯、蹬道、步顿及梯屋等。如可楼沿复梯登楼便是楼，由蹬道登楼又像阁，形成非楼非阁的做法。步顿登楼见园景，由复梯下楼至暗室，和刚才所见又大异其趣，使人觉得环境多变。由步顿登绿绮楼，逶迤至可舟，不见下楼处所，要经过转折的廊道才入梯屋，下楼至另一内院。楼上、楼下穿插许多大小内院曲室，套房暗户，门户过百，使人仿佛知上而不知下，知进而不知出，诡异非常，出人意想。

4.台

台是属于登临眺望一类的建筑，至于钓台、兰台则结合实用的意义较突出。旧籍中关于园林筑台的记载颇多，但实物遗例少见，现仅可园有几种：

(1)与建筑结合的"露台" 在一组群的楼阁中，配合蹬道、顿步，扩宽为露台(亦称平台)，远望楼阁重重叠叠，活像建于台上。

(2)眺台 在望街楼前，跨过街道建筑，便于浏览街前景物，《园冶》之谓"楼阁前出一步而敞者"。

(3)与石景结合之"亭台" 台在石景之前，是"木架高而平版无屋"的做法，下面作为观山的处所，上为平台，登临须绕假山梯径，壁山作狮子形，这一组石景当地人叫做"狮子上楼台"(图6-8～图6-13)。

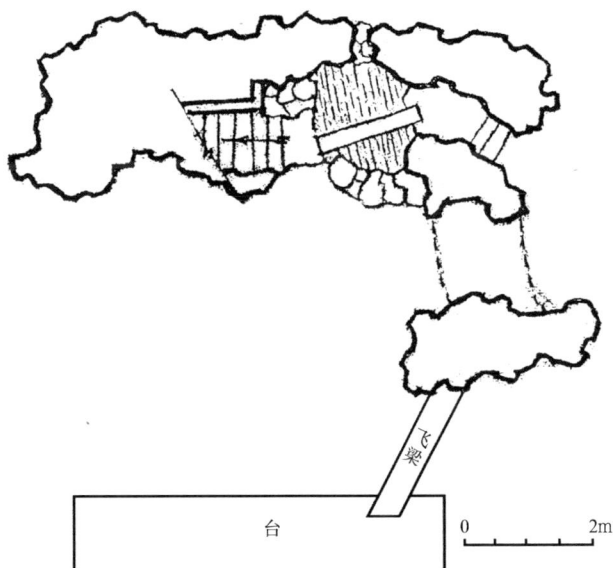

图6-8 可园"狮子上楼台"平面

图6-9 "狮子上楼台"东立面

图6-10 "狮子上楼台"西立面

图6-11 "狮子上楼台"南立面

图6-12 "狮子上楼台"北立面

图6-13 可园"狮子上楼台"及所在庭院(叶荣贵作)

132

(4)兰台 这是为了绿化作用的一座"掇石而上平"的台，高仅1m左右，绕台砌花基，置盆兰于上。

(5)钓台 在可舟的背后，出至塘中筑钓台(已毁)，上建小屋，缀以花木，作为可园与外景的联系，互相资借。

5.亭榭

厅堂楼馆，与人们日常的生活起居关系比较密切，庭园中固然运用，宅第民居一般也少不了。至于"奇亭巧榭"，基本上是观赏性建筑，它的功能以停憩游览为主，同时本身也应是很好的欣赏对象，因此在布局及造型上，要和周围环境相配合，以及有机地联系起来。在实用方面，亭和榭的功能要求基本一致，所不同的在于艺术境界、装修处理、建筑环境等方面有些差别。亭的位置选择可以随便一些，环境多开朗，榭则要求比较隐藏，所谓"花间隐榭"，意境所在，全凭一"隐"字。亭一般都是开敞的，榭则借外檐装修多为封闭形式。

(1)空间与环境 庭园中的亭榭，体量较小，因此对空间结构上的分隔、约束、过渡等作用不太显著，更不会成为园景的空间界限。它只是构成一种标志性的建筑空间，吸引人们对其存在、或者所在环境予以瞩目注意。例如在山顶建亭，是为了突出所在地势的高峻特点，以获得相得益彰的效果；临水建榭或水上筑亭，是为了突破水平面，扩大空间的起伏对比，这些都标志着因亭榭的存在而起的作用。在不同的建筑环境中，就会有不同的空间结构关系，以及布局的目的性。

1)平庭中亭榭：一般位于比较接近主要厅房的地方，具有使人们可以方便地出至亭榭间，将部分生活挪至园中之意。既便于浏览，又可处理家常，是休憩而兼操作的好处所。群星草堂距花厅前面约5m之处，建有方亭一座(已毁)，亭的四周绕植几丛棕竹灌木，缀以散石，互相掩映衬托。亭的主要目的，应以起居休憩和欣赏附近的湖石花木为主。潮州庭园花厅前面的"抱印亭"和后面的"过墙亭"，基本上也是这一类性质的建筑。平庭也有以亭作为主体建筑的，如花地杏林庄的"竹亭烟雨"，整个平庭遍植崖州竹，因隔建亭，布局有"翠筠密茂之阿"的境界。平庭建榭，以道生园的"问花小榭"(图6-14)为最精雅：榭与书斋结合在一起，设壁橱式的八角门洞相通。斋与榭隔墙相背，墙后为斋，可

图6-14 道生园问花小榭

通别院；墙前为榭，与对朝厅及左右修廊构成幽静的小院，"花间隐榭"正是此中境界。

2)水庭中亭榭：在微波漾荡的水面上，屹立着体态轻盈的亭榭，通过平面与立体的组织，花木及山石的陪衬，菱荷与游鱼的点缀，构成活泼而和谐的空间，波光水影，潇洒清幽，其布置手法有如下几种：

①临水亭榭 在平面布置上要打破池岸原有轮廓，凸出池岸修筑。《园冶》所谓"亭台突池沼而参差"，艺术效果如何，在于"参差"是否得法。临小水局面建单一座亭榭时，如北园东厅凸出的小榭，要考虑到左右绿化配置，使花木空间和亭榭的空间有掩映参差之势(图6-15)。较大的水局，如清晖园的方塘，临水有一亭、一斋和一榭，其中亭和榭是凸出池岸，斋则后退，凸出和凹入参差交错(图6-16)。亭和榭突出的位置，布置在方塘彼此垂直的两岸，而不是放在同一或者相对的池岸，避免对称及排偶；加以亭畔古劲的水松，斋旁苍老的龙眼，更显得建筑与树木掩映参差，构图优美。六角亭用攒尖，造型轻巧突出；小斋硬山结构，

图6-15 北园水榭

图6-16 清晖园水榭

位于池塘转角处，较为隐蔽深藏；水榭为水局的主要建筑，歇山翘角，两旁由水廊陪衬，缀以木雕漏花，从而增加水榭的面阔，潇洒明快，有舒徐雍容的姿态。三幢建筑造型各有变化，但有主次和整体性，是临水亭榭组群成功之作。

②"湖心亭"　水中建亭，或庋架，或就小岛修筑，如馥荫园、唐荔园、邱园和楚香园等，均有"湖心亭"这一类的处理，但亦应注意到和其他临水建筑的整体关系，起呼应作用。大良楚香园在同一池岸边上，与水榭平行出一曲桥接湖心亭，当人们蹑桥之际，不是前亭后榭，就是前榭后亭，这里的位置经营缺乏联系与呼应。

③桥亭　庭园中的桥，由于水面有限，桥的规模当然较小，因此桥上建亭，一般不是为了实用，而是增加园中景观，丰富空间层次，同时也起约束和对比作用。例如余荫山房的桥上建小亭，与堤上长廊相接，即是这一类的桥亭(图6-17)。

临水亭榭，除了有组织水面空间、互成对景等作用外，更重

图6-17 余荫山房桥亭

要的是给人们以特殊的停憩浏览环境，创造"水局清旷，阔人襟怀"的局面。亭榭临水，可以赏莲菱，可以观鱼鸟，还可以对着波光云影寻味"池塘倒影"、"清池涵月"、"湖光潋艳"的意境，给人们以无限幽雅的感受。

3)亭榭与水石庭：水石庭中亭榭，一般位于溪边水次，树旁石间，作为在山石之"麓"，衬托出石高而亭低的境界。从作用上来说，可以分为：

①对景的亭　潮州的小庭园中，就溪畔石旁建小亭，由于园子小，水石景范围不大，亭的体量也自然小，仅容两人促膝对坐，因此这些亭的作用，主要是作为观赏的对景。

②"景位"的亭榭　例如西塘的"六角拉长亭"，作用是引致人们坐在那里观赏壁山；泮溪的水榭，西面也是对着壁山。这种亭榭的位置经营，有它们一套技巧：须建在山石之"麓"，临溪越地，并需低接水面，使望山不见顶，则愈显得山势高峻，峭削奇拔。

4)山亭：主要供人登临眺望，调换赏景的角度，一般位置在山石高处，并亦有强调地势高峻之意。视野范围，关系在于

图6-18　清晖园花岜亭

整体布局。庭园空间的大小和所在地的标高，总之不要过于局促。清晖园的"花묜"亭建在土阜山石之上，和方塘水榭对峙，一在山巅，一临水末，有意识地强调山势之高(图6-18)；白云洞山庭的"唾绿亭"，建于崖下坡顶幽篁中，与山下船厅互相呼应。

(2)亭的造型 庭园中的亭，由于院子不大，一般体量较小，成组的亭尚未发现。平面以四角、六角、八角、六角拉长等为多；孖亭有清风园的六角孖亭，半亭有可园的半八角("擘红小榭")，余荫山房的半圆亭等形式(图6-19)。较少见的有汕头中山公园的三角亭("梅亭"，图6-20)，和广州西关某宅的半八角两层"阁亭"(已拆迁至银龙酒家，图6-21)。亭的屋面以攒尖式较普通，清晖园的亭是伞式结构的攒尖，结构装饰和外形比例都甚为精美。亭顶的形式也很别致，不是一般葫芦或宝珠之类，而是用方形柱体，在白色的边框里，砌以红色的筒瓦花样，体形不落俗套(图6-22、图6-23)。潮州的攒尖亭多数用扒梁构

图6-19 余荫山亭半圆亭

图6-20 汕头中山公园梅亭

图6-21 广州西关某宅半八角两层阁亭

图6-22 清晖园方柱形通花亭顶

图6-23 清晖园六角柱形通花亭顶

造，梁底用天花封闭。采用歇山构亭的例子也很多，其中以西塘的六角拉长亭最为突出。亭一般为单檐结构，但潮州一带的亭则无论大小，都喜用重檐式屋顶。

6.廊

廊原来只是建筑的附属部分，随着造园的发展，利用了它狭而修长的特点，使成为庭园重要组成部分之一，构成园景空间界限，并成为处理空间结构最为有效的手段。廊的布置是随着庭园的游行路线有意识地结合地形，所谓"随形而弯、依势而曲"，将园中不同景物组织起来。由于廊和园景密切地结合在一起，因而本身也是时隐时现，忽上忽下，穿插于水石花木之间而成为园景的一部分。

(1)廊与庭园空间结构　主要起着空间的分隔、过渡和约束等作用。

1)空间隔断：将廊布置在院墙内外分隔处，倚墙修筑，使院墙不致平板地暴露，庭园边界有一定的深度。如可园的内外区分，差不多全是用走廊来隔断。

2)空间过渡：厅堂的前卷，即前出步廊，是从室内到庭园的过渡空间。

3)空间约束：在两个相邻的"庭"，设有院墙、石山等的遮隔，亦无其他开朗的厅堂作过渡，运用走廊适当地收束一下过于开敞的空间，构成两个庭院之间的空间界限，有如套厅之间的飞罩一样，是一种象征性的空间分隔手段。

(2)廊的关系与建筑环境　结合平庭、水庭和水石景等，廊可分为几种类型。

1)平庭的廊：主要与建筑连接，在建筑之间穿插，划分平庭的空间(图6-24)。由于平庭地势没有什么起伏，它的布置要在平易中求变化，直中有曲，暗中有明，强调对比，才能使景色多变，步移景换，引人入胜。泮溪的北院是以楼、亭和廊构成的平庭，有联系建筑的虚廊，有前出的步廊，有划分小院的曲廊(图6-25)。窗腔门洞沿着曲廊构成大小框景，使得回廊曲院掩映可窥。廊在这里起着划分大小院子空间的作用，组织园景。为了结合人流活动和新的使用要求，廊在此处的体量相应增大。

图6-24　余荫山房平庭之间划分空间的走廊

图6-25 泮溪酒家平庭中的走廊

2)水庭的廊：水庭中的廊，在不同的位置上可以分为下列几种。

①临水建廊　清晖园方塘西北两面，沿池岸靠墙建廊，迤逦临水，增加水局空间的深远和起伏感觉。

②水间建廊　余荫山房在两水局之间筑堤，堤上建廊与桥亭相接，廊在这里构成水庭之间的空间收束。

③水上建廊　北园及泮溪的桥上建廊，正如《工段营造录》中关于廊"或跨红板，下可通舟"的做法。

3)廊与水石景的结合：泮溪酒家有两种做法。

①爬山廊(梯廊)　结合登山、登楼的步级，在假山石梯上建

廊，梯级分段，廊亦同。爬山廊由起步至收步的空距甚少，坡度接近1：1，谓之"梯廊"，似更恰当。

②临崖建廊　接梯廊"前出步廊"，仰视有悬崖危槛之势。

(3)廊的装修　岭南庭园中的廊，檐下装修很少用挂落，一般采用"虾公梁"及攒角；亦有用明瓦横楣，余荫山房就是这样的做法。廊的栏干多为琉璃通花，但余荫山房和清晖园等处亦有用美人靠的。

7.桥

在庭园的空间结构中，桥不会构成园景的空间界限，只起划分水面、联系交通和点缀风景等作用。

(1)桥与布局环境　由于结合不同的水面关系，可以分为下列几种不同的布局环境：

1)池上曲桥：在池面上用曲桥划分水面，联系交通，构成水面有大有小，以小的水面来衬托出较大一片水面的宽阔。这种桥的平面所以曲，要使人们拐得曲折一些，便会觉得水面更宽阔，同时亦具步移景换之意。但曲折最好呈"之"字形状，避免作规则的"弓"字，因为方向虽宜变换，但不要直角拐弯。

2)澳口小桥：池面的另一种处理，是不用长桥来划分水面，如群星草堂水庭的游行路线是绕池一匝；为了增加水面层次和扩大水面感觉，池岸线做成多曲折，并设澳口数处，斜跨小桥，低平水面，远望斜桥锁澳，有"低亚作梗，通水不通舟"的境界，引致人们联想到水源深远(图6-26)。沿池岸、澳口桥头，处处缀以水松疏竹，间亦点石，野致天然，这正是"断处通桥"的处理手法。

3)河涌小桥：在既无大水局，亦无水石景可结合的地方，引涌水入园，架设小桥，使人于往来中领略跨桥越水的情趣。这些河涌小桥，多数结合在建筑的进口处，如可园渡拱桥，越涌水即进入亚字厅。杏林庄及荔香园的园门，前临河涌，上架平桥，有"小桥流水人家"的画意。

4)山溪小桥：潮州一带庭园的水石景，喜作山溪局，沿溪散置石组，小桥出自石间，斜越水面。例如西塘花厅的前廊，东接小石桥，对面壁山峭立，溪下水流潺潺，怪石奇花交立桥畔，局面虽然不大，但有"花低池小水泙泙"(韩偓)的诗意。

(2)桥的造型　岭南庭园中所见的桥，款式虽各有不同，但种

类不多，归纳为如下几种：

1)拱桥：在水局或平庭中，有时为了强调一下游行路线起伏之势，一般采用小拱桥。由于庭园局面不大，跨度很小，且都是单孔的，群星草堂、余荫山房、可园等都是就平坦的路径，结合小拱桥来增加起伏的感觉。这种小拱桥做法之不同于他处的，是从桥的两端采用步级升至拱顶(图6-27、图6-28)。

2)石板桥：有直有曲之分，曲桥要根据建筑物的位置及地形关系来弯曲，如泮溪的曲桥是不规则的之字形；直桥多数是单

|岭南庭园|第六章 庭园建筑类型分论|

图6-27 花地某园发掘出的旧石拱桥

图6-28 群星草堂的石拱桥

图6-29 宋画"长桥卧波"(惠州西湖博物馆藏)

孔，有些将石板做成很平缓的弧形或尖拱形，如西塘及西园的小桥，像小虹挂水，颇为优美。

3)板桥：木桥在造型上比较轻巧，一般单孔多用整块厚板，多孔则架梁钉横板做。板桥亦宜于建造上盖，如北园酒家的廊桥。长桥为了减少投资，也可采用木桥，并且有一定的艺术性，如惠州西湖的长桥，大有宋画"长桥卧波"的境界(图6-29)。特别是像荔香园门前的独板桥，不加油饰，有如荒溪横桥，更具田园风致。

7

第七章 庭园建筑装修

第七章　庭园建筑装修

　　庭园建筑，应具有实用与观赏的两种功能，除了满足一般实际用途以外，同时也起着点缀风景的作用，是园内景物的组成部分。庭园建筑借助开敞灵活、轻巧通透的装修，使建筑的内外空间关系，取得和谐、均衡、完整与统一，不论厅堂楼馆，或者亭榭斋廊，都应具有轻巧的体型、精致的细部，和山池树石融汇在一起，才能构成幽美的景致。岭南庭园的建筑装修，具有优良传统，由于地理环境、气候等因素，加上地方手工工艺发达，更加丰富了它的独创性。总的说来，岭南庭园的建筑装修，在规划和表现方法上，都充分发挥了轻快通敞、玲珑剔透的特点，形成了富于地方色彩的风格。

装修特点

　　岭南庭园的建筑装修，无论在体形、功能、色调和体裁上，都具有其独特之处：

1.体形

　　为了满足人们起居生活的要求，庭园建筑装修的体形，一般都力求轻快开敞；体型设计也首先着重于空间关系的布置，借助于多样的门、窗、屏、罩等。如到脚屏门(落地明造)的分隔，形状活泼有趣的门洞，敞口厅的花罩等，使室内外空间互相渗透；不但从室内可以观赏园景，而且从园中也可隐约窥探内部的陈设。

　　此外，由于一些地方特有的手工工艺，如细木工艺，套色玻璃画和贴窑等运用到装修上来，使得装修的造型更具玲珑浮凸、剔透纤巧的特色。例如泮溪大厅的"洋藤贴金钉凸花罩"，运用钉凸工艺的特点，藤蔓前后交缠，花叶层次繁密，嵌空浮凸，栩栩如生(图7-1)。北园大厅的"到脚通雕花鸟屏门"，透过拉通花

图7-1 泮溪酒家洋藤贴金钉凸花罩

什锦金钱衬底的背光，显出衬底若刻若镂，通漏透明；花鸟的轮廓，则若动若静，思假疑真(图7-2)。另外，一些斗心的屏门格心(棂空)或漏花窗，显出"嵌不窥丝"的花纹图案，仿佛挂着一幅织锦，情韵别致，趣味深长。

2.功能

岭南庭园的建筑装修，本身就是一件工艺美术品，在设计上往往是作为室内陈设组成的一部分来考虑它的比例尺度。一些通雕花鸟的漏窗，或者拉通花衬底钉凸花的屏门(格门)，都是作为通透的花鸟画轴、座屏或挂屏来安排和布置在那里的。特别是彩色

图7-2 北园酒家到脚通雕花鸟屏门

图7-3 斗方合锦画满洲窗

玻璃画的运用，使装修的陈设功能更具有广泛的园地，每一扇门
或窗，它本身就是一幅透明的书画条轴。如镶玻璃画窗心的"满
洲窗"，由9～15扇构成一套好像斗方合锦画(图7-3)；有些行门以
扇面、方块或团扇形玻璃画作合锦图轴的构图，既是门又是画。
泮溪酒家门厅迎面安设的"套红书法玻璃画屏门"，恰像8幅透明
的红笺书法挂屏，周围用楠木通花衬边，如同画卷的绫裱，典雅
大方，构成为门厅陈设的主体(图7-4)。装修而有陈设的功能，这
是中国建筑的优良传统，在岭南庭园建筑装修中，对这种优良传
统，加以继承发展，不单在艺术设计方面有独特的发挥，所运用

图7-4 泮溪酒家门厅套红书法玻璃画屏门

的材料以及题材也较广泛，而其陈设功能则尤为突出。

3.色调

室内装修，一般以生漆原色(荔枝核色)、楠木原色、红木家具的"酸枝色"等作为主要的色调，令人有闲静安详的感觉。此外，充分利用套色玻璃的特点，益臻使装修的色调丰富多彩。生漆色的框饰和原色楠木通花衬底，镶蓝色或绿色玻璃画，使室内气氛宁静清幽；或者在厅堂当眼处的屏门，镶红色或黄色玻璃画，会令人感觉到华丽典雅；又或有些屏门用整幅"药水银光"玻璃画，框饰和平板漆珊瑚红，色调明朗雅致。总之，由于生漆颜色、楠木原色和套色玻璃色彩的互相衬托，使装修的色调静中有闹，典雅而不沉闷，活泼而不激动，华丽脱俗，这可以说是岭南装修色调的特点。当夜色深沉，从园中望向厅堂，透过室内华灯背光，映出一幅幅透明的"条幅挂屏"，窈窕明丽，色彩缤纷，意境极为奇妙。

4.体裁

装修体裁，因不同的建筑类型而异，如厅堂建筑宜"宏敞精丽"，它的装修处理要比较堂皇富丽一些，斋轩一类的小型建筑，要求明净养神，装修体裁就不妨淡雅轻巧一点。以泮溪酒家为例：由于它是公众活动场所，须能表现出群众喜悦洋溢的气氛，建筑装修总的风格要求精美华丽，但厅堂有大小，接待的性质有闹有静，因而精美华丽的程度和调子也有所区别。如宴会大厅接待群众较多，室内外的空间体型比较大，在装修上要求的体裁是宏敞华丽，因而所有窗户、屏门、花罩等的比例和造型都要比较富丽辉煌，色调也要比较热闹。其余如山楼、水榭、花厅等处所，由于体形较小，接待群众不多，装修体裁就以精巧玲珑为主，色调亦应较为素静。

即使在同一大厅之内，装修的体裁也要在协调之中求变化，庭园的厅堂到底不同于宅第，不应过于恭谨端正。如泮溪的大厅在东端安上一幅通透精巧的"斗心通花洞罩"，透过景框看到小院内的石笋棕竹，醒人心目，有如宋元画的小品，"隐出别壶天地"，调剂了大厅的气氛，使原来热闹壮丽的情调得到冲淡，闹中有静。这些装修体裁的变化，正是《园冶》所谓"端方"与"曲折"要"相间得宜，错综为妙"之意。

位置与装修

在不同的位置上运用装修间隔，形成许多不同功能的建筑空间，这些装修在空间区划上大致可分为下列几种类型：

1.墙壁分隔

两个使用性质不同的建筑空间，彼此没有连通在一起之必要，需要有一定的分隔。厅堂与房室之间的装修，要求起遮断作用，假如堂室相望了然也就失去了间隔的意义，即使装修精美极致，也不免华而不实，反而不当。因此，如厅堂与房室，一般采用4 8扇屏门、碧纱橱或满洲窗等；前厅与后房或前卷与内室之间，除了采用上述装修外，亦有用太师壁的。屏门一般用透明程度较差的套色玻璃画、木刻通雕加衬板、或平雕。室内与前卷之间要求通风采光，多用满洲窗，取其可以启闭自如；亦有用屏门的，但屏门的缺点是关闭时欠通风，敞开又嫌使室内过于暴露。

为了补救这一缺点，亦有采用两旁镶企映中间四幅屏门的做法，槛窗亦有采用，但窗扇向外开时，妨碍走廊的交通净空。一般来说，上下"撑"（拉开）的满洲窗是比较理想的（图7-5～图7-8）。

外墙窗户装修，有全部用槛窗的，即使是部分采用，一般亦

图7-5 北园酒家拉花嵌绿色玻璃彝鼎图案漏花窗

图7-6 北园酒家满洲窗分隔廊与厅

图7-7 清晖园归寄庐屏门

图7-8 泮溪酒家用六扇屏门分隔厅堂

以"转足"窗(上下用转铰)为常见。有某些窗是经常关闭着，或者只开三两扇，这种窗的存在，并非完全为了采光通风，同时也是利用透过户外背光，使玻璃上的画面明晰映出，可资观赏，发挥了陈设的作用；满洲窗也具有这方面的功能。另外，一些朝北厅口的特殊处理，如余荫山房对朝北向的厅口，采用整幅到脚大板玻璃屏，内外景色隐然可见，但又不受寒风凛冽的影响。朝北厅口假如实在要敞开，很多将分隔做在前廊的檐下，在栏河上安一排"水窗"(风窗)，作为暖廊来处理。

2.空间过渡

厅堂处所的分隔装修，以通透开敞为主，为了符合这一要求，装修设计就必须独运匠心，裁制得宜。因而也就形成了轻快明朗的南方风格。在这一方面，常见的有下列一些处理手法：

(1)套厅　最普通的套厅处理，是在两个厅分界之处不设任何封闭的分隔，只适当地运用一些象征性的装饰——"罩"，作为套厅的空间界限来约束一下，使两个厅之间有些过渡性的措施，而不至过于空虚(图7-9)。另一种是在套厅的分界处设一整幅木刻通雕花鸟，或者几何连续图案的斗心通花，并在这幅通雕或通花当中开一个门洞，构成为"洞罩"，套厅之间似隔断而又似敞通。特别这一幅洞罩，既为两个厅的空间过渡，又是一幅艺术作品，不

图7-9 泮溪酒家用"罩"作两厅间的过渡

仅发挥其功能的作用，同时也是室内的陈设。亦有以粉墙门洞为套厅分隔的，门膛用水磨砖、细琢石或做"满夹"（镶木板），门洞上安一块匾额，简洁而又清雅，但从通透来说，远不如上述的做法。另外，亦有用多宝架、书橱之类作套厅分隔，这就将装修、陈设和实用三者结合在一起了。

(2)敞口厅　一般是将厅堂正间面对庭院的厅口敞开，透过前卷、前廊或拜亭，不仅可以从户内赏景，同时也使内外空间交织起来，成为具有自然气氛渗透的居室环境，这就是敞口厅设计的意图。敞口厅的装修通常是用"罩"，但为了不使室内过于暴露，罩的宽度最好比厅口窄一些，两旁镶一幅"企映"，从实例看来，有时厅前不一定有前卷，则可将厅口略为后退，这会使厅口更高敞，所以照镜枋（中槛）之上要有一幅很高的横披（图7-10）。洞罩的使用和套厅的相同，只是套厅的洞罩有时可以偏在一边，而敞口厅的则居中。

敞口厅通常指面对前院，设有开敞厅口的厅堂而言，实际

图7-10 顺德飞盖园(已毁)敞口厅飞罩两旁镶"企映",上有大幅"横披"

上庭园的建筑物经常是两个面、或四面临庭院的,随着设计的需要,一所厅堂可以不单只有一个敞口,而敞口亦不一定设在面对前庭的正间,例如泮溪大厅东面山墙,设有一个敞口洞罩对着小院,构成大厅的"端景",这是带有景框的作用。另外,在长廊端点厅房的入口处,设洞罩或门景,也会构成美丽活泼的路线"端景",人们从远处便看见这一精美的装修,最后穿过而进入室内,这就使人感到有"象随景化"的情趣。

(3)廊下　廊下装修,除上述"水窗"外,一般是作为建筑空间过渡到庭园自然空间的手段,有下列的处理方法:

1)拱梁、横楣(横披)、挂落等:在檐下两柱之间作一些象征性的装饰,充实和联系柱与额枋之间的空间,其中以虾公梁(拱梁)最为简洁及常见,这是岭南特有的廊下装修;横楣的采用也不少,挂落则不多见(图7-11、图7-12)。

2)窗洞景框:廊的一面不用柱,而是以粉墙窗洞代替。透过窗洞可以看到园中景物,而每一个窗洞成为一个画面优美的景框;这种做法没有拱梁、横楣等那样通透,但还是起内外空间的过渡作用。

图7-11 可园绿绮楼廊下斗心横楣(横披)

图7-12 余荫山房廊下明瓦横楣(横披)

3)遮阳措施: 东莞道生园楼厅前廊檐下的遮阳处理, 基本是用一般的活动百页窗, 但窗扇轻巧别致, 具有功能及装饰的作用。另外, 在檐下设一幅明瓦横楣, 除装饰外, 也起遮阳的作用。

3.天花遮蔽

为了使屋面或楼底的结构不致暴露，采用封闭措施，即称为天花或者平顶。庭园建筑的天花与大殿不同，不能用过于庄严而又繁琐的綦盘，《园冶》中说："一概以平仰为佳。"楼底天花，由于空间有所限制，多用"平仰"的形式。瓦面下的天花如果"平仰"，室内空间则只能高与檐齐，容易产生压抑的感觉，如贴于瓦底桁，与屋面取同一的坡度，只会欠缺美观，李笠翁也曾提过这样的意见，并倡议："以顶格为斗笠之形，可方可圆，四面皆下，而独高其中"，岭南所流行的天花样式恰与此吻合，这种天花装修，广州俗称"烧猪盆"。它以当中升起穹隆，四周绕以平板，平板与穹隆之间接以斜板或企身板；有些讲究的天花，顶板及平板均用斗心通花纹样来装修，另有一种华贵雍容的感觉。此外，一些大型厅堂的天花，基本仍是"烧猪盆"，但平板部分有大小格枋，略具綦盘的分格；穹隆部分亦有分作两层，形式较为壮丽宏旷。

装修工艺

装修上运用的手工工艺，种类很多，其中有些是岭南所特有的，如广州的套色玻璃画，潮州的贴窑；有些是技巧上特别精美的，如细木作的通雕、斗心、拉花等，尤其是钉凸，是广州特有的细木工艺。下面仅就这几项来介绍，至于琉璃、砖雕、石雕等，各地所常见的，就不论述了。

1.玻璃画

于两个不同明暗程度的空间，设套色玻璃画装修，使室内与园景的关系更为活泼，别有其情韵和趣味。如小画舫斋敞厅屏门的套蓝玻璃画，透过背光，显出像六幅透明的蓝色花鸟挂屏(图7-13图7-15)；泮溪门厅迎面八幅套红玻璃屏门，刻名家书法，色调华丽典雅，有很大的吸引力。这些玻璃画应用在装修与陈设方面，就有它特具的作用。套色玻璃画是光绪年间才发展起来的工艺，距今未到百年，所以在较旧的建筑中尚未及采用。套色玻璃画的做法，有车花、磨砂、吹砂和药水等，其中以"药水玻璃"的做法较复杂。大体上"药水玻璃"分套色和银光两种。套色玻璃的材料是用一种正面有色，背面乃为光片的玻璃片，颜色有红、蓝、黄、绿和

图7-13 小画舫斋敞厅套蓝花鸟玻璃画屏门

图7-14 小画舫斋屏门画面

图7-15 小画舫斋船厅嵌三幅套蓝花鸟圆玻璃画屏门

紫黑等。目前这种工艺已濒于失传，甚为可惜。

(1)套色玻璃画　在玻璃有色的一面薄薄刷一层凡立水，俟九成干后粘上锡箔，再用桃胶将写就书画的薄纸贴上，用刻刀照纹样勾出线条。随后剔除线条以内的锡箔，洗去凡立水，即露出花纹部分的有色玻璃表面，再用氢氟酸(H_2F_2)将"色"蚀去，清除洗刷后即成为一幅带银光色泽花纹的阴文套色玻璃画。至于阳文套色玻璃画，广州称为"脱底"(图7-16)，一切都与前述做法相同，但用刀剔除时，则剔去花纹以外的锡箔，因而氢氟酸只蚀去这一部分"底"的色，将有色的阳文花纹保留着。

(2)银光磨砂玻璃画　亦称"药水银光"，与阴文套色玻璃做法的过程大致相同，惟材料只用光片，经刻蚀阴文花样后，即将其余部分磨砂，衬托出阴文闪闪有水银光泽，故一般称为"银光磨砂"。

套红和套黄色玻璃画，多数以书法、古币或瓦当等纹样做图案，宜作厅堂的屏门格心，对室内环境可增强喜悦洋溢的气氛。套色玻璃中，以套黄色为最名贵，现存实物已不多见。套蓝和套绿色，颜色清丽典雅，特别宜于庭园的斋轩楼馆。炎夏暑天，配

图7-16 套绿色脱底玻璃画满洲窗画心

上蓝窗绿格，尤其显得雅淡清凉。银光磨砂较套色玻璃略逊一筹，原因是不像套色玻璃那样有深浅、多层次的色调，但亦有些人喜欢它在淡素中显出银光气泽，清雅别致。银光磨砂可作大板玻璃窗心等，和现代建筑装修易于调和结合，有进一步发展和推广的前途。套紫黑色玻璃画极为罕有，仅见过去广州西关赤宅的十二幅名人书简套色脱底(由市文化局收购保存)，此外未见有其他的实例发现。

2.细木雕作

岭南的细木工艺具有优良传统，丰富多样。如通雕是以细腻写实的刀法见长，所刻藤蔓枝干，能够表现出盘屈的姿态和苍劲的纹理，特有的钉凸技法，在处理上对立体感的表现和玲珑浮凸的造型，均具有较大的自由。其余如拉花和斗心等，亦以纤巧精致见称。至于构图取材，则更能运用地方题材，如荔枝、芭蕉、红棉、洋藤等，富于乡土风味。下列几种为常见的细木工艺：

(1)平雕　先将图纸贴木板上，然后按纹样刻划，刻法有两种：一种绕着书画笔划的周边刻划，之后修成"仆竹"形(俯半圆形)，好像通心字画；另一种则作平底阴文雕刻。平雕在装修上应用范围很广，如以楠木板刻阴文书法、钟鼎、古币或兰竹之类作屏门格心(棂空)，设石绿或佛青色，衬托着楠木板的原色，实质上即为一套工艺挂屏，清雅可喜。其他如屏门的平板、窗槛及横披等，都可利用平雕来装饰。

(2)浮雕　基本上像平雕，但要运用一些透视法则来构图，有深浅层次，比起平雕略具浮凸的形象。大良某园有花鸟浮雕格心，刻工极为写实细致；其他的实例以屏门的平板或束腰为多，北园的大门有很精致的汉玉纹、夔龙纹浮雕装饰。

(3)通雕　较浮雕更具立体感，一般用于屏门格心漏花窗和花罩等。所用木料，广州称为"柴"，柴的厚度：格心及漏窗约为4cm，花罩6cm。做法先以纸构图贴于柴上，随后用线锯将空白部分拉通，并用斧凿剔出大致轮廓，然后再从事细工雕刻。一般通雕以双面最为普遍，由于"柴"的厚度有一定限制，所以它的构图仍受透视画法的约束，但比较起浮雕已经自由一些。

(4)钉凸　钉凸是从通雕发展出来的，构图不受"柴"的厚度限制，假若造型的要求超过"柴"厚时，便另加钉贴木，雕成完整的形象。钉凸经常和通雕、拉花等综合起来运用，如一些屏门格心，用拉花衬底，部分枝干花叶用通雕，部分花叶鸟虫则用钉凸(图7-17)。花罩亦有作立体木刻钉凸的，如广州酒家的"柳燕罩"，是钉凸罩中一个突出的例子。

(5)拉花　用1cm左右厚的木板，贴上连续几何图案的花纸，然后用线锯拉通纹样以外的空位部分，成为一块通透的花板，再将花纹表面加工整理成"仆竹"(俯半圆形)或"昂竹"形(仰半圆形)。拉花有两种不同的运用；一种单独用作格心或漏窗(图7-18)；另一种作为衬底，结合花鸟、书画通雕。

(6)斗心　用1~1.5cm厚的木条，拼成各种连续几何图案，以冰裂纹、套方万字、正斜万字、亚字、六耳(盘长套方)、斜二字等较为普遍，变体很多，但基本不出上列范围。木条的截面有：⬦鸡胸、⬭仆竹、⬭昂竹、⬭孖线、⬭线香等形状，以"鸡胸"最为纤巧精致。如是斗心镶玻璃，木条要出凹柳(槽口)。斗心是一种在技巧上要求较高的细木工，讲究尺寸准确，榫口密贴，所谓"嵌

图7-17 万字及金钱图案衬底钉凸花鸟屏门格心

图7-18 "美人披肩"图案拉花漏窗

不窥丝"，否则整幅图案就会拼不起来(图7-19、图7-20)。斗心在建筑装修中随处都有运用，有单独用作格心、漏窗、横披和花罩的，亦有作为镶玻璃画衬底的。

(7)编木　一度流行于潮州的细木工艺，多数用作屏门格心或窗心。因为过于纤巧精致，对保存不够注意，实物日渐毁坏，很是可惜。编木是介于拉花和斗心之间的一个种类，图案以海棠和金钱为多。做法先用木料按图样拉成各种曲线条子，截面约为(1~2)mm×(10~15)mm，再加工整理，使木条的表面更加圆滑纤细，再按拼接处预做卯口，最后进行镶嵌。因为截面纤薄，花纹的线条有些分作几层拼贴，做成有前后深浅，比起斗心及拉花更为精致和更富于立体感。

图7-19　余荫山房水厅曲子斗心窗心

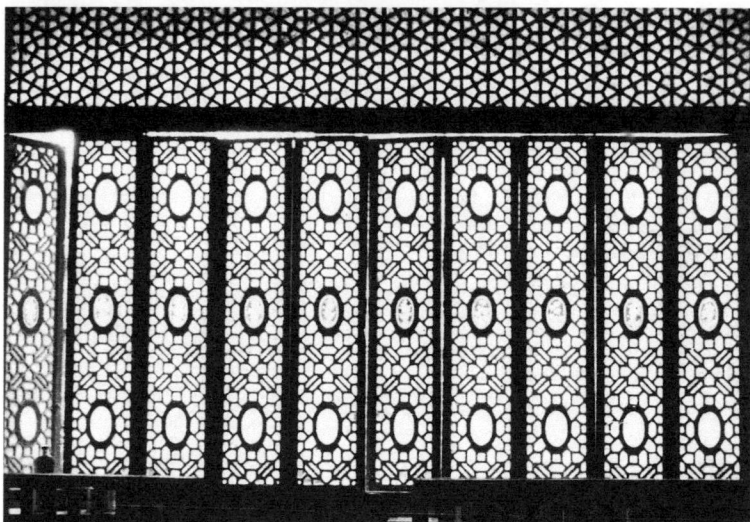

图7-20　瑜园斗心嵌明瓦窗心

3.贴窑

贴窑亦称嵌瓷，也是潮州一种特有的工艺，潮汕民居广泛地运用来装饰屋脊、山墙垂带和檐下花线等。在庭园中则结合建筑贴一些花纹图案，以及"像生"花树，使建筑和庭院的气氛热闹有趣。汕头中山公园假山旁的"梅亭"，用3支灰塑梅树支撑着三角形的顶盖，屋檐树梢缀以贴窑花朵，互相掩映，绚丽夺目，是亭也是梅花，引人注意(图7-21)。澄海有些内庭小院，在照墙上塑一些贴窑花树，骤然看去，疑真疑假，别致有趣；利用贴窑花树接檐下落水，这就除了观赏之外还具有实用意义(图7-22)。

贴窑是于明末清初逐渐发展起来的工艺，它的做法是灰塑和烧瓷的综合加工，因此兼有两者之长，而不受其局限性的约束，造型自由似灰塑。灰塑涂画，色泽容易剥落，贴窑则用各种色彩的瓷片贴面，颜色鲜艳经久；相反，烧瓷要受塑胚、入窑、烧制等诸多限制，造型上有一定的局限性，没有灰塑来得自由。"贴窑"这个名称恰当地表达出它和"烧窑"的区别，这些"瓷制品"不是原装现烧，而是多加一道工序"贴"成的。贴窑的制作过程：过去是先从福建购进杯碗瓷胚，就地加工上色釉，才能符合颜色要求；再按造型将杯碗敲剪成瓷片，然后"贴"或"插"上已塑做好的灰底上面。由于在运用上有所区别和灰底塑的不同，贴窑有下列几种技法：

图7-21 汕头中山公园梅亭

图7-22 澄海某宅贴窑玉兰花装饰落水管

图7-23 潮阳某宅山墙垂带平瓷装饰

(1)平瓷 在平面的灰底上，贴平面的花纹，有点像陶瓷锦砖。这是贴窑中最简单的一种，多应用于山墙垂带、檐下花线等处(图7-23)。

(2)托底(又名半浮沉) 将灰底塑成浮雕，具有深浅层次，再在浮雕灰底上贴瓷片，多用作装饰屋脊、檐下及山墙壁面(图7-24～图7-26)。

(3)圆身 即为立体雕塑，花鸟人物都先个别塑做，贴妥瓷片，最后才安装在预先做好的背景上(图7-27)。

(4)松瓷 运用"插"法为主，近看非常粗糙，主要用在屋脊等高出的部位。因为视距较远，如果贴做过于细致，反而会觉得纤小不合比例；瓷片只一小部分是"贴"，其余正对视线斜角，斜斜地"插"在灰底上，远看更为逼真，从而增强立体感觉(图7-28、图7-29)。

图7-24 潮州某宗祠屋脊贴窑托底装饰(之一)

图7-25 潮州某宗祠屋脊贴窑托底装饰(之二)

图7-26 潮州某宗祠屋脊贴窑托底装饰(之三)

图7-27 潮州某宗祠圆身贴窑

图7-28 潮州某宗祠屋脊鸡凤朝阳松瓷
贴窑(之一)

图7-29 潮州某宗祠屋脊鸡凤朝阳松瓷
贴窑(之二)

装修类型及构造

岭南建筑装修，形形式式，种类繁多，构造亦各异。虽同一种类型，但在不同的位置上结合使用要求，就有其不同的功能关系和处理的方法。

1.窗

庭园建筑装修中的窗，具有采光、通风、景框、陈设以及围护等几种功能；由于位置和构造的不同，窗可能具备所有这些功能作用，也可能只有其中的一部分。例如：内部分隔所用的"满洲窗"，是没有围护、采光和景框等作用的，但陈设的功能则很突出；内外分隔所用的窗，要求可以采光、通风，但也要有陈设的功能；外墙开窗，除了满足采光通风的要求外，还须与外墙有相适应的围护作用。至于什锦窗洞，最主要的恐怕就是起景框的作用了。不同的功能，需要选择不同的类型和构造。

(1)满洲窗 岭南建筑装修中一种特有的类型，具有广泛的适应性特点，用于不同部位，就能起不同的作用。同时在任何部位，

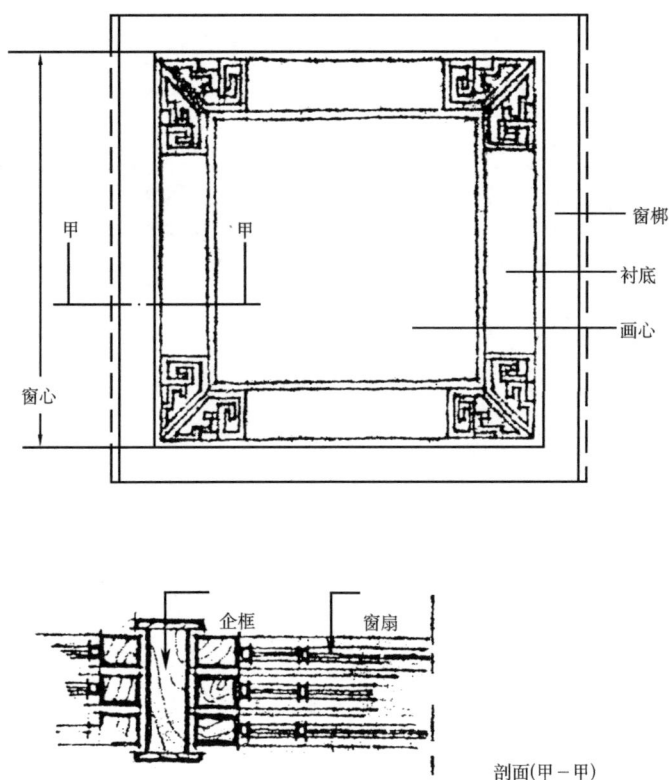

图7-30 满洲窗窗心   剖面(甲－甲)

亦都可以收到陈设的效果。因此在庭园建筑中，满洲窗的运用是较为普遍的。"满洲窗"是从北方的支摘窗发展而来的，清代广州的"旗下屋"(满州人住宅)多用这种窗，因而得名。

在考虑到陈设的功能，满洲窗的窗心尺寸接近正方形，高宽比约为6：7(图7-30)。窗心的构造分为画心及衬底，这两部分相当于一张册页——斗方书画及其衬边。

1)画心：最普通是用套色玻璃画，不论室内分隔、内外分隔或者外墙都可以采用。在个别实例中，如南村余荫山房花厅的前后分隔。用书画真迹作为窗心，这种窗的功能，主要是作为陈设，但只适宜作室内分隔(图7-31)。此外，不少窗心只用光片，主

图7-31 余荫山房花厅室内分隔满洲窗用书画作窗心

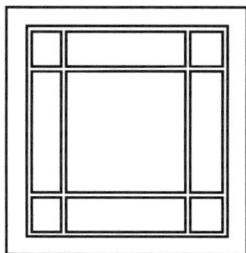

a 井字衬底

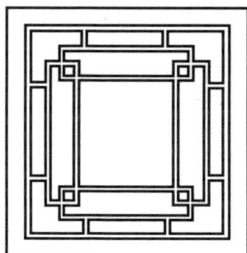

b 套方衬底

图7-32 满洲窗衬底二式

要是起景框作用，与李笠翁之所谓"无心窗"有些近似，宜用于外墙或内外分隔之处。

2)衬底：即画心以外，围绕着画心的部分，做法有下列几种：

①直子　画心为方形，用井字或套方斗心镶嵌(图7-32)。

②曲子　画心为圆形圆角海棠，用曲子带花结镶嵌(图7-33)。

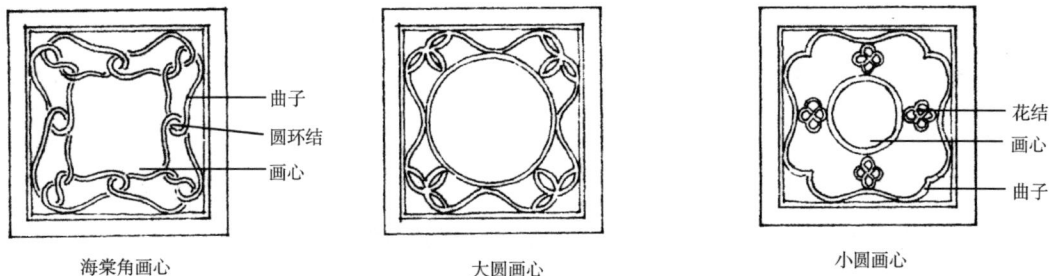

海棠角画心　　　　　　　大圆画心　　　　　　　小圆画心

图7-33 满洲窗曲子带花结衬底

③盘竹　画心为直边海棠角时，基本上与井字衬底同，但交角处略加曲线变化，并刻成竹节纹样，讲究一些的刻通雕竹叶(图7-34)。

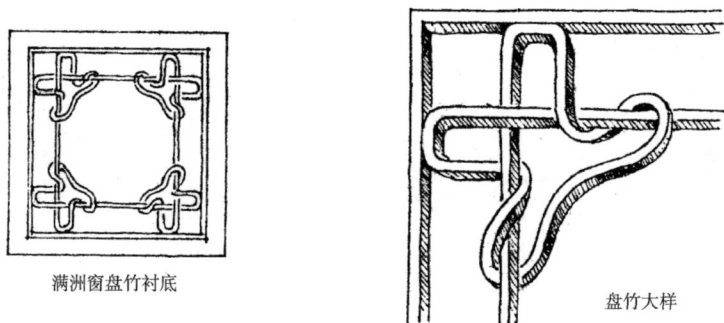

满洲窗盘竹衬底　　　　　　　　　盘竹大样

图7-34 满洲窗盘竹衬底及盘竹大样

④花结　不用木条子，全部以拉花花结构成。常用的花结如套方、双环、六耳、博古、蝴蝶和草尾龙(夔龙)等(图7-35)。

⑤拉花　整幅衬底用拉花图案构成，剔透嵌空，更加托出衬底像一幅绢裱。

⑥大板玻璃　窗心有时包括画心和衬底在一起，用一块大板玻璃画(5mm厚)，刻蚀药水银光书画和花纹衬边。

满洲窗的组合比例，有些像苏州的和合窗，但满洲窗是上

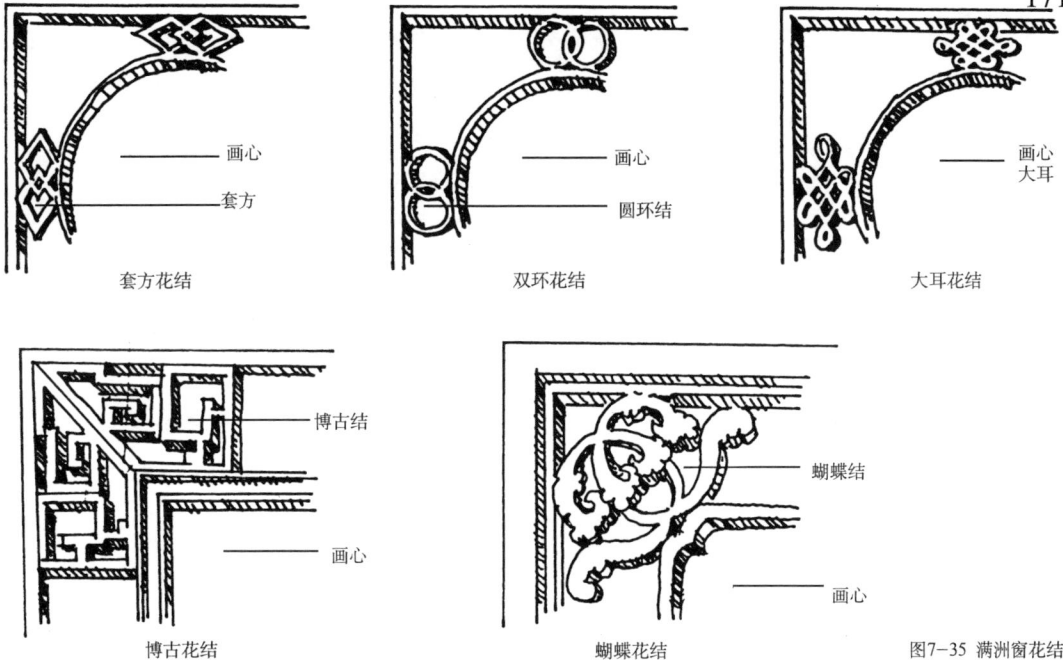

画心
套方

套方花结

画心
圆环结

双环花结

画心
大耳

大耳花结

博古结
画心

博古花结

蝴蝶结
画心

蝴蝶花结

图7-35 满洲窗花结

下"樘"的，樘开时亦可以往上或往下三只重叠起来，窗的有效开口率为2/3。宽度分位是按开间分成3～5等分，每等分为70～90cm；高度分位为槛墙的约90～110cm，加三扇窗及窗上的横披，横披高度则因房屋内空高度减去槛墙及窗高而定。如窗侧设行门，则门的平板和槛墙同高，其余门格、门头则和窗的分位同（图7-36）。

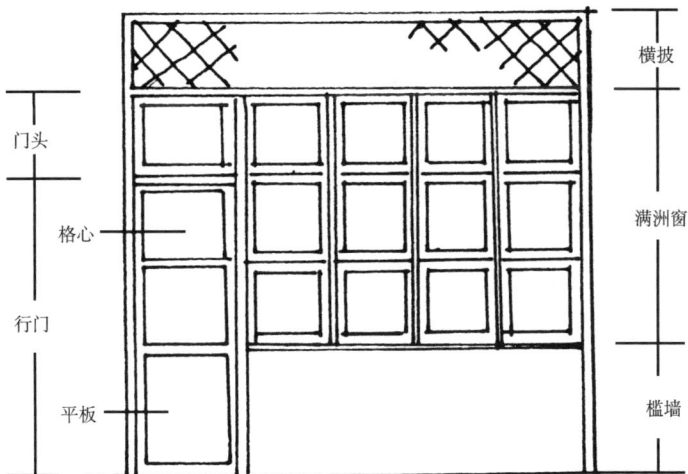

横披

门头

格心

满洲窗

行门

平板

槛墙

图7-36 满洲窗分位

另外，有用两扇组合的上下樘窗，设在室内分隔处，不常开的一种窗，窗扇为长条形，两扇拼起来接近正方形，一般宽度为1m左右。例如北园酒家东斋前卷的两扇上下樘窗，每扇为0.8m×1.8m，窗心用大板玻璃银光磨砂，上幅刻毛主席的《沁园春》词手稿，下幅工笔花鸟，窗梆平雕密底万字，看来就像两幅透明的书画横条，富于陈设的意味。

(2)转足窗　即槛窗之一种，上下安设转铰，一般用于外墙部分。窗扇较高，普通为1.8～2.0m，宽度在50cm以下，过宽会使窗扇太重，构造上有困难，并且不安全，窗心的宽度仅30cm左右，构图受一定的限制。从实例来看，利用整幅套色玻璃画作窗心的实在不多见，因而作为室内陈设，它是不如满洲窗的。但是岭南建筑中喜欢采用转足窗，也是有它的特色，而且收到一定的实用及装饰效果。大良清晖园的外檐装修是以转足窗为主，南村余荫山房也有部分采用这种窗。流行的窗心做法有下面几种：

1)连续几何图案拉花：如清晖园的碧溪草堂，广州高第街许家祠花厅的转足窗，都是拉花金钱纹镶光片。

2)直子和曲子斗心：如余荫山房水厅的转足窗用曲子斗心，西斋用斜方斗心嵌玻璃。瑜园用六方斗心镶明瓦。

3)窗心分段布置：如清晖园船厅和南楼的转足窗将窗心分成二或三段，每段的窗心镶光片，玻璃的上下或者周围用木雕竹树图案衬托，或用冰纹斗心等(图7−37、图7−38)。

槛墙做法一般有光漆裙板、木板平雕、钉凸花和通花等(图7−39、图7−40)。清晖园碧溪草堂有一幅槛窗墙，用水磨青砖、阴文平雕竹画，精美雅淡(图7−41)。

(3)折撑窗及推窗　这种窗的实例不多，仅见于东莞可园。可园绿绮楼的窗构造颇奇特，窗分里外两层，内窗向左右两边推开，藏入夹墙；外窗为“折撑”窗，窗扇分成三截，下截固定，上两截用蝴蝶铰相连，再以铰吊装窗框上，开时把当中一截往上撑，支撑着上截窗扇(图7−42)。

2.门

在功能要求、类型选择和所在位置的关系上，也是有些与窗相类似。不同的位置就有不同的功能要求，因而有不同的类型和构造。

图7-37 清晖园船厅转足窗窗心分段嵌
玻璃及通雕竹树图案

图7-38 清晖园南楼转足窗窗心分段嵌
椭圆形玻璃衬冰纹斗心

图7-39 清晖园惜阴书屋钉凸花槛墙

图7-40 余荫山房金钱纹通花槛墙

图7-41 清晖园碧溪草堂砖雕竹画槛墙

图7-42 可园绿绮楼外窗——折撑窗

(1)格门 主要用于室内分隔或内外分隔之处，普通由6 8幅格门组成一套，广州统称为屏门。壁纱橱也是由屏门组合而成的。

1)分位：屏门的形式轻巧通透，以格心(桄空)为其重点装饰，在分位上可类别为下列两种屏门：

①长屏门 由上而下的分位：分束腰—格心—平板几部分。平板与其余部分的比例为2：8～4：6不等。

②到脚屏门(落地明造) 总的高度和长屏门同，没有平板，格心部分特别高，分位是：束腰—格心。束腰从地面起算，除了束腰就是格心，因而在空间分隔上显得异常玲珑通透，这有助于创造轻快的建筑体型(图7-43)。

2)格心：格心的做法，从艺术效果上可以分成两大类。

①室内陈设作用 屏门除了有着分隔的作用外，它每幅格心都可以作为图轴、挂屏或者座屏来看待，成为室内陈设组成的一部分。这类格心可以分后列几种：a.用拉花衬底(正斜万字、什锦

图7-43 清晖园惜阴书屋厅口到脚屏门
(四幅)两边镶企映

金钱等花纹图案)，通雕或钉凸花鸟，或者百寿书法等；例如泮溪大厅的"钉凸贴金柳燕屏门"，是作为工艺挂屏；北园楼上大厅的"通雕花鸟到脚屏门"，则是十二条幅的大座屏。b.用整幅套色或药水银光玻璃画，如泮溪山楼的套蓝花鸟、银光花鸟，小画舫斋的套蓝花鸟等，都是作为一整套透明的书画挂屏使用。c.用斗心衬底，嵌3幅圆或方的套色玻璃画，如泮溪北楼及小画舫斋楼厅的嵌3幅套蓝花鸟等，都是作为书画斗方合锦图轴来处理的。这种格心，一般用于到脚屏门为多。d.用铜纱衬底贴木雕花鸟，此例仅见于广州高第街许家祠内花厅的碧纱橱，形式颇别致。它利用近代材料而不失于伧俗，且能保持其原来风格。木雕花鸟贴在铜纱上面，通透之感更强，物象也更为生动，美观而又实用。e.用楠木板阴纹平雕，这和"铜纱贴木雕花鸟"恰恰相反，只适宜用于要求隔断之处。在原色楠木板上，平雕阴文钟鼎、书法或花鸟草虫等，着石绿或佛青色，作为一套木刻挂屏，亦颇清雅隽永。

②建筑装饰作用　作为处理壁面装饰来看待，格心表现着轻巧通透的造型、美丽的图案和精致的工艺，主要有如后几种：a.斗心或斗心镶玻璃，普通用套方、万字、斜二字等，亦有用曲子分三段构成连续图案。b.拉花或编木，潮州的屏门多用之，显得特别纤巧。

屏门的启闭，从实际使用来看有两种是比较可取的：一种是常用的"转足"，即上下安设转铰；另一种为"樘门"式，每一扇屏门有自己的一条"樘路"，即上下轨道，厅口可随意敞开，而且不致占用室内净空，这是"转足"式不如的。

(2)行门　即单扇门，一般设于室内隔断之处，或配合满洲窗安在窗旁。门有门头、门扇的构图方法，力求作为窗内陈设而存在。常见有如下的样式：

1)楠木板阴文平雕，像一幅山水或花鸟图轴。

2)用几块方圆小块楠木平雕，构成一幅书画合锦图轴。

3)格心部分用方圆小块套色玻璃画，构成透明的书画合锦图轴。

4)格心用整幅药水银光玻璃画，平板部分则用楠木板阴文平雕。

(3)大门　结合外墙围护结构安设。广州地区，不论庭园或住宅，入口大门都喜欢采用双扇板门，由于大门日间是经常敞开，故此兼设有"樘栊"和"脚门"，构成为一种三层门的组合形式；

樘栊具有防护兼通风采光的作用，而脚门则主要为了遮挡街外视线。同样的道理，潮州则在"内凹肚"设"栏杆门加八卦"的做法。大门每扇用一块完整的红木板，厚约5～6cm，门头架"水桥"，设圆孔插门扇的上转足，下转足则放入"铜碟"洞内(图7-44)。北园酒家的大门，是用整块红木浮雕夔龙、汉玉纹样，体制瑰丽，工艺精美(图7-45)。

3.门洞及其他

庭园建筑中的门洞、窗洞及漏窗，基本上是不带有围护功能的，一般用于室内分隔、前卷走廊的檐下和院坪等部位。

(1)门洞　常见的门洞有规门或称月门(圆洞门)，上下磨圆、圆角、海棠角、六角、八角、汉瓶等形式。潮阳西园的井院以彝鼎式轮廓作门洞，颇为古雅别致。门洞的做法有下列几种：

1)门膛的装修，室内一般以镶"满夹"(用木镶衬)为多，东莞则喜用细琢红砂石，亦有用花岗石及水磨青砖，或者批灰线索，此外，不设其他的装饰。门洞高度，一般为2.2～2.5m。

2)在门洞上角装饰一些博古或其他花样的攒角，使门洞的轮廓略为有点变化，这种处理叫做加些"门景"(图7-46)。另外，有些门洞将上角镶作博古架，这是将门洞和攒角合为一体的做法。

图7-44 潮州某宅大门

图7-45 北园酒家大门和门扇上的浮雕纹样

　　3)在门洞内空衬上一樘门扇，这就成为"洞门"，如群星草堂船厅的月洞门和瑜园的八角门(图7-47)都是这种做法，道生园问花小榭的八角洞门，则进一步成为门与壁橱结合的形式。

图7-46 加"门景"的门洞

图7-47 瑜园嵌明瓦门扇之八角门

(2)窗洞　庭园的围墙，往往开着一排窗洞，构图多变化而又有趣，如瓜果、海棠、方圆、扇面等轮廓。一眼望去，就晓得是一所花园的去处，既将呆板单调的院墙装饰一番，同时又起着景框的作用。这种"什锦窗"的窗洞，岭南却不多见，只顺德碧江"小蓬莱"(已毁)有一道这样处理的围墙，但尺寸比例较北方的什锦窗大一些(图7-48、图7-49)。至于前卷室内外分隔处，或者檐下的窗洞，一般只是作为景框来处理的。从室内透过景框望出庭园，要能睹物见景，因此就要注意景物的布置配合，才能收到良好效果，否则也就失去它们作为"景框"的作用了。窗洞做法有如下两种：

1)窗腔镶水磨砖、细琢石或做蒲夹。

2)用一整幅通雕或斗心做衬底，当中开一个窗洞，如许家祠花厅楼上，用通雕竹树做衬底，绕着一个圆窗洞；泮溪北厅用套方斗心，当中设椭圆形窗洞。

(3)漏花窗　在活动路线上的当眼地方，如室内外的分隔处，

图7-48 小蓬莱院墙上的什锦窗

图7-49 小蓬莱什锦窗窗洞对景

走廊的转折或端点等，安设一幅漏窗，通过内外明暗的背光，令人觉得虽然是分隔，仍可隐约窥探，通透嵌空，起着很好的陈设或装饰作用。做法可分为下列几种：

1)用细木雕花，如泮溪花厅偏间的"梅兰竹菊"通雕，构图有主次，布势紧凑匀称，刻工细致，好像一幅玲珑剔透的图画(图7-50)。楠木拉花也是室内漏窗的一种做法，通常用"美人披肩"连续图案来点缀；其余还有用斗心和拉花衬底，镶钟鼎轮廓套色玻璃的漏花窗。

图7-50 泮溪酒家花厅偏间"梅兰竹菊"通雕漏花窗

2)用铸铁或铁枝构成各种图案的铁花窗，一般用于外墙，除利用近代材料外，还起防卫作用，如西樵云泉仙馆祖堂照墙的铁花漏窗(图7-51)。

3)用陶瓦花格拼砌，通常用于外墙等部位，花格有黄、蓝、绿等色釉的，有素烧的，多数为个体图案，亦有几块凑成一幅整体图案的，这种一般用来装饰照壁或"挡中"(图7-52、图7-53)。

4.罩

岭南气候温和，建筑要求明朗开敞，因而要采用有效的办法

图7-51 云泉仙馆祖堂铁花漏窗

图7-52 可园陶瓦花格漏窗

图7-53 新会某园素烧陶瓦花格漏窗

来确立平面立面空间的层次关系；作为这一方面的主要装修手段的"罩"，运用也就较多。岭南庭园建筑装修中，罩的采用，无论在类型、工艺和造型都称得上技精艺高，形式多样，成为岭南庭园建筑装修特色之一。

(1)造型及构成　横披(横楣)、挂落以及罩等，这类装修都是从原来帷幕的形式发展起来的，因此，在造型上很是相像，而且同样也起着划分空间的作用，不过用的材料有所不同。常见的罩从造型上来分别，有下列几种：

1)飞罩：飞罩安设在照镜枋(中槛)下面，照镜枋上为横披。飞罩的宽度(b)一般等于厅口的净宽，但当厅口过大，飞罩的宽度不够时，亦可于厅口两旁衬以"企映"然后安罩。飞罩由大边、罩面、内边和罩脚4部分组成(图7-54)。罩的尺寸比例：罩的高度(h_1)

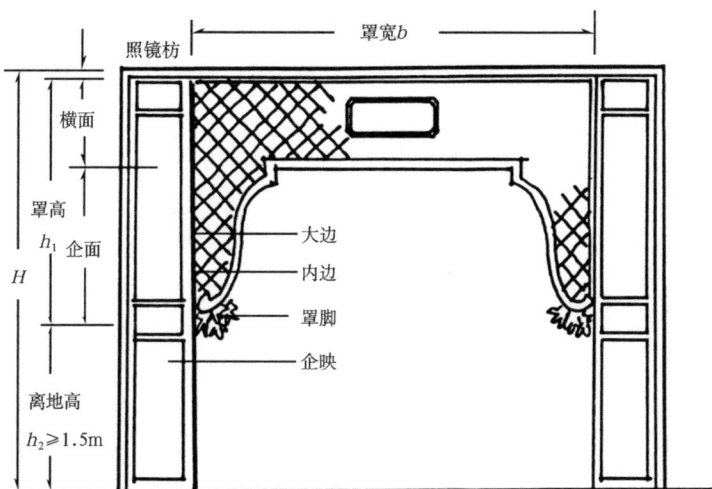

图7-54 飞罩

因厅口照镜枋以下的内空净高(H)不同而异，罩脚离地面(h_2)最少要有1.5m，以不妨碍人们的活动为标准；因而罩高$h_1 = H - h_2$。h_1的横面与企面高度比约为2∶3，企面的斜度亦约为2∶3，横面的高度一般为60~70cm；罩的高与宽比$h_1 : b$为(2.5~3.5)∶(4.2~4)。

2)落地罩：在照镜枋之上设横披，枋之下在厅口两侧贴柱分列一对企映，企映与照镜枋交角处镶攒角(图7-55)。"北园"西厅的正间厅口，企映用药水银光玻璃画做格心，平板部分拉正斜万字通花，衬以扭索攒角，是落地罩中一个精美的例子。

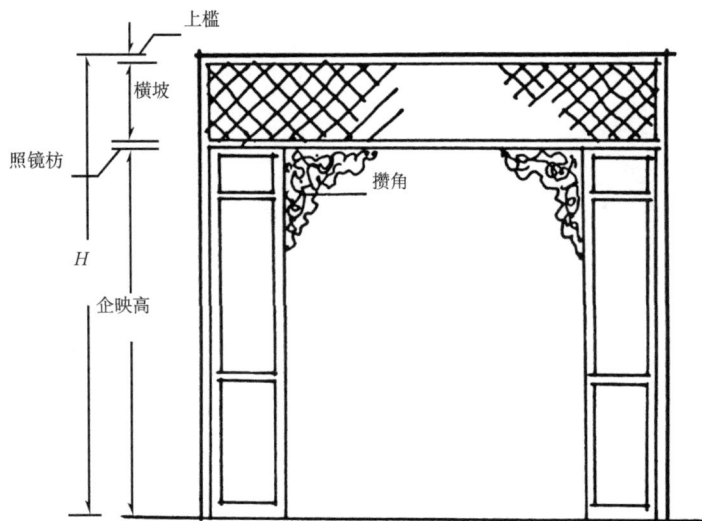

图7-55 落地罩

3)花罩：横面轮廓大致与飞罩同，但企面部分则一直垂落至地面，其构造亦分为大边、罩面、内边和罩脚几个部分(图7-56)。花罩宽度(b)等于厅口净宽，高度(H)等于照镜枋以下的净高，罩脚高度(h_2)为50 80cm；罩的高与宽比(H:b)一般为(3.8~4.5)：(4.2~4.8)。

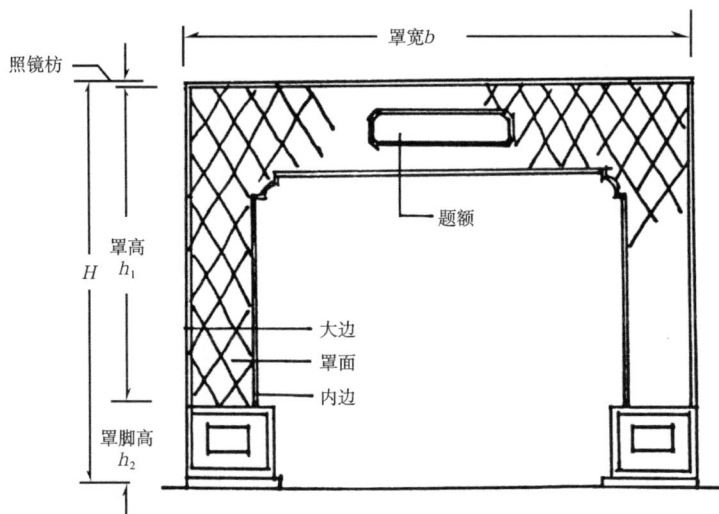

图7-56 花罩

4)洞罩：在厅口设置一幅通雕或斗心，当中开一个门洞，洞作月门、汉瓶、葫芦、樽形等(图7-57~图7-59)。洞罩构成一般分大边、罩面和内边，罩脚并不都有，而且体形较小的罩才采用。洞罩宽度(B)一般等于厅口的内净空宽，但亦有两旁镶企映

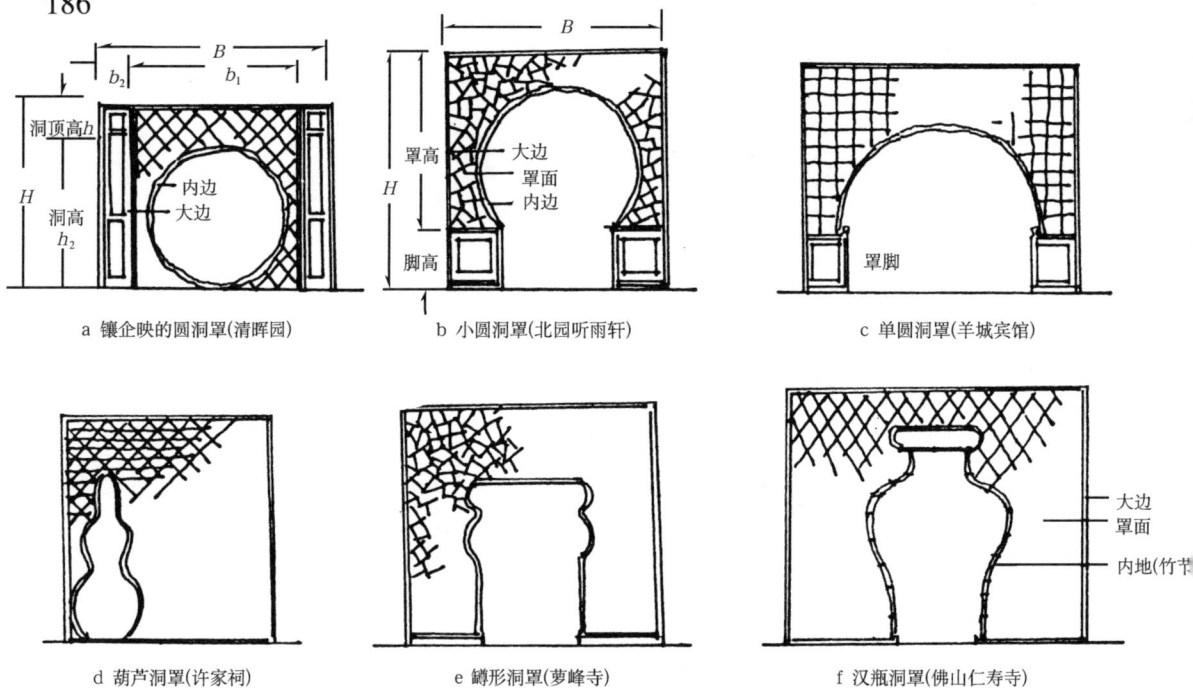

a 镶企映的圆洞罩(清晖园)　　b 小圆洞罩(北园听雨轩)　　c 单圆洞罩(羊城宾馆)

d 葫芦洞罩(许家祠)　　e 鳟形洞罩(萝峰寺)　　f 汉瓶洞罩(佛山仁寿寺)

图7-57 洞罩造型示例

图7-58 萝岗洞萝峰寺用作套厅过渡的洞罩

图7-59 北园酒家廊桥一端厅口的洞罩

的。罩面洞顶部分高度一般约为1m,罩脚高约50cm。另有一种是半圆洞罩,介于花罩与洞罩之间的过渡类型。

(2)罩的内边 内边可分为散边及挛边两种:

1)散边:罩的内轮廓,以罩身花纹的内边缘作为内边的收口,不再另设收边线索。结合散边的罩面,多数是木刻通雕花鸟,个别亦有用博古或扭索等纹样。构图一般在罩脚上雕刻山石,从山石上开始引树干和枝叶至厅口中线交会,两边完全对称。另外,如广州酒家进门的套厅口,两旁分立一株用立体通雕钉凸的柳树,构图不作交会,罩的内边轮廓已经消失,这是花罩构造上进一步的发展。

2)挛边:以斗心或拉花做罩面时,一般用一束线索做内边,这束线索广州叫"挛边"(粤语"挛"即弯曲的意思)。挛边的构成有花边、挛线、挛头和田螺头等几部分(图7-60、图7-61)。花边沿着挛线的外边缘,一般为木刻通雕碎花,如包鱼、吊钟花、小连福、卍字、鸡咀之类。挛头在横面与企面的转角处,接着"挛"的横企两段,好像帷幕扯起时候在这里打个花结系着一样。早期的做法用双飞鱼,所以挛头亦叫做"双飞鱼"。晚期构图变化很多,从实例看来,有用花鸟、如意等;亦有些挛边根本不设挛头。田螺头是挛边的收口,构图就是一盘螺旋线,简单的只有一点;但个别体形较大的飞罩,如泮溪

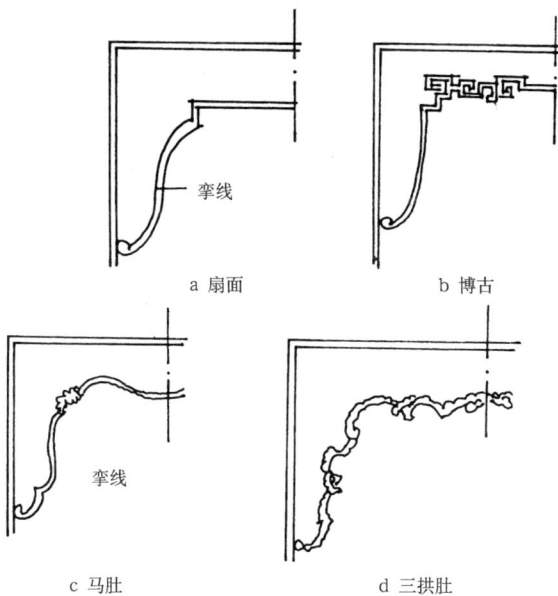

a 扇面

b 博古

c 马肚

d 三拱肚

图7-60 挛边轮廓造型举例

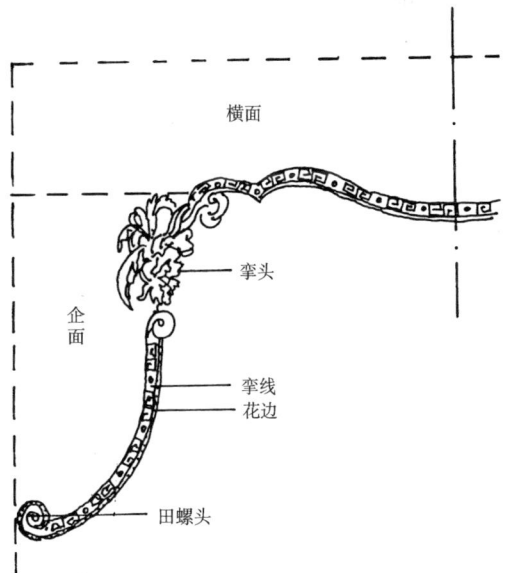

横面

挛头

企面

挛线
花边

田螺头

图7-61 挛边构成

大厅的大罩，它的田螺头是一盘庞大的螺旋线，并缀以一粒粒贴金的鼓钉，甚为突出。

　　花罩或洞罩的挛边很少用田螺头，但也有个别例外：如越秀公园内听雨轩的洞罩(已毁)，在罩脚上圆洞收口处，挛边有一个小田螺头，是属罕见的(图7-62)。挛线是挛边的主要构成体，由于不同的构图，形成变化多端的内边轮廓，最基本的造型有扇面、博古、马肚和拱肚等。

图7-62 广州越秀公园听雨轩洞罩挛边收口处的田螺头

(3)罩面构图与工艺 主要有下列几种：

1)通雕及钉凸：常见的题材为花鸟竹木，其中如间竹藤、百子藤(洋藤)、间竹葡萄、间竹葫芦、竹、竹鹤、松鹤、芭蕉、梅花鸟、香椽、荔枝和红棉等。写实的构图，有些并"像生"设色。另一个系统的罩面为图案化的构图，有扭藤(藤径)、云蝠、云鹤、博古扭藤等。

2)斗心：全部是木斗心及斗心衬底镶套色玻璃画等做法。常见的斗心罩面图案多为卍字、套方、亚字、正斜万字、六耳、间方(十字盘长)和冰纹等。

3)曲子斗心：罩面很少用曲子斗心，仅有的例子是泮溪楼厅正间的厅口飞罩，以扭条夹蓝色玻璃作"子"，斗呈斜方纹样，图案简单而有变化，有色彩，精美雅致，为实例飞罩中少见之作。

4)拉花：有全部木拉花和拉花衬底镶套色玻璃画两种做法。花纹以曲子或纤巧的纹样为主，如海棠、正斜万字等。

5)套色玻璃画：整个罩面以套色玻璃画片镶成合锦画式的构图。

(4)罩脚 分飞罩脚和花罩脚两种处理形式：

1)飞罩的罩脚：多数为通雕钉凸，构图一般为狮子、"洋花"或其他花鸟等。如罩面是斗心或拉花，便更将罩脚做成装饰重点，采用精致的通雕钉凸。泮溪有些斗心飞罩的罩脚，构图像一束刚折下的鲜花挂在罩脚处，骤看似乎与罩的构图没有什么联系，疑假疑真，构思极为巧妙。

2)花罩的罩脚：亦称"博古脚"，做法也有几种：

①木雕博古纹样，结合通雕花鸟一起做罩脚。

②用云石或其他细琢石料(花岗石、连州青等)做罩脚，高约20～35cm，可以避潮湿，颇为实用。

③一般斗心罩面，多数用斗心或拉花罩脚，高约40～50cm。

8

第八章 水石景

第八章　水石景

庭院的布"景"与写画不同，画有一定的视角和固定的视点，"景"却是一个立体空间，随人们位置的转移而起着变幻。人们置身于"景"内，浏览水石间，要觉得步移景换，俯仰成趣。因此，布景的最重要一点，是考虑多角度的空间组织，每一个角度都要注意到清空而不单调，幽深而不局促，曲折而不做作，多层次而不重复，有起伏而又协调，这样才能创造出变化多姿，丰富多彩的景物，予人们以美的感受。

水石是庭园中"景"的重要空间组成，从属于四周建筑环境。假如把建筑物挪开，建筑环境的衬托作用消失了，就会失去景的空间界限约制，虽则有水石，将亦不成为"景"。它和"园林"（园林和庭园的区分前面已谈及）的假山大池在性质上有所区别，故而将庭园中的水石构筑称为"水石景"。水石景的规模不论大小，它的共通特点作为景来说，是没有独立性的，因而脱离不了建筑的范围。

中国庭园的布置，是密切结合起居生活的现实来处理的。在概念上，从室内到庭园，以致接触到的水石景，是一个连续感觉的过程，因而水石景的造型及位置距离，必须和建筑取得同一的比例尺度，统一协调，才能引起人们的真实感觉。内庭小院的水石，一般宜作为大山水的片断，或者一个角落来处理，它和自然山石有同一的比例，也就能够更易于表现自然的美。最忌将大幅山水的内容缩小在一处，像一座大石山盆景，人们从室内到户外的一瞬间，会骤然感觉到水石景的比例不相称，自然真趣尽失，缺乏生活的真实感。

纸上作画，比例随人，尺幅可以收长江万里，题材和规模都不受画幅的限制。至于庭园水石景的布局，则有一定的空间界限，水石要和自然山水或建筑取得同一的比例，这一来，题材与规模就都会有一定的局限性。它不可能将自然山水全部重现一遍，而只能够作为大山水的一角落，或者一片断来对待，使自然空间与建筑空间互相渗透。在接触水石自然质感的同时，加上环境的衬托，会诱使人联想到园外的，或者并不存在着的山林景象和气氛；这里之所谓"诱导联想"，实际上只是一种间接的艺术处理手法。正如仇十洲的"水阁鸣琴图"，画面上并没有水阁，也没有抚琴的人，只见在石板桥上站着一个琴童和一个作倾听状的士人。至于水阁、琴音和阁里鼓琴的人，不言而喻，早已在这种气氛里衬托出来了，真有言尽而意未尽之意。这就是造型艺术所要求达到的"意境"（图8-1）。庭园水石景也不外如此，要求着墨愈少，而愈能强调山林气氛，愈具有真实感的，便愈易于成功，"一峰则太华千寻，一勺则江湖万里"，前人早已指出这种意境的所在。

图8-1 仇十洲的"水阁鸣琴图"*

---

*在整理莫老图稿时，未找到"仇十洲的'水阁鸣琴图'"，在文稿中明确提到此图，到一些图书馆也未曾找到，为保留此书的原貌留其图位，待日后找到再进行添补。若广大读者能够找到此图请与出版社联系，将莫老遗著完成，感谢！

立石或石笋

内庭小院，布置一二天然峰石，衬以花树灌丛，笔墨不多，但饶有佳趣。这些峰石，实为石景中的小品，广州人称为"立石"或者"石笋"。

1.比例与意境

庭园中布置石笋，结合建筑环境，通常放置在活动路线上的当眼地方。它的比例尺度，并非是大山水的缩影，而只是一拳半块天然石头，和自然山水或所在建筑环境的比例都是一致的。所不同者，在庭园中要经过一番裁制布置才搁在那里。通常立石的型体，天然石面的质感和绿化的陪衬，以及建筑环境的衬托，会使得院子内外的自然气氛益加增强。所谓"寸山多致，片石生情"，正是石笋所要求达到的意境。

2.位置与环境

布置立石，要和建筑环境衬托相宜，才能达到一定的效果，富有诗情画意，所谓"石令人古"，给人幽美的感受。如泮溪酒家的大厅，透过斗心洞罩东望一小院，套出两支高低矗立的"松皮"（白果）石笋，插植棕竹丛间，诗情画意，趣味盎然（图8-2）。这些也就是明人所谓"尺幅窗，无心画"，都是这种庭园意境的景象，而且也是石笋布局最为广泛运用的"对景"手法。另一种方法是结合庭园的游览路线来布置立石：如群星草堂是以立石为主题的庭园，其中有峰石、有峦石，主要布置在苑道的转折处、坡级的

图8-2 泮溪酒家透过洞罩望小院石笋棕竹

两旁、槛前或窗下(图8-3~图8-6)。行坐其间,恍如置身千山万壑,有前后揖抱、左右逢迎之概。

此外,有所谓"迎宾石",如北园酒家月洞门右测的两支立石,宝华路银龙酒家入口处的两组峰石等(图8-7、图8-8)。迎宾石一般放置门前、门后或者门的左右两旁均可。顾名思义,无

图8-3 群星草堂苑道转折处立石

图8-4 群星草堂坡级两旁立石

图8-5 群星草堂坡级两旁立石

图8-6 群星草堂窗下立石

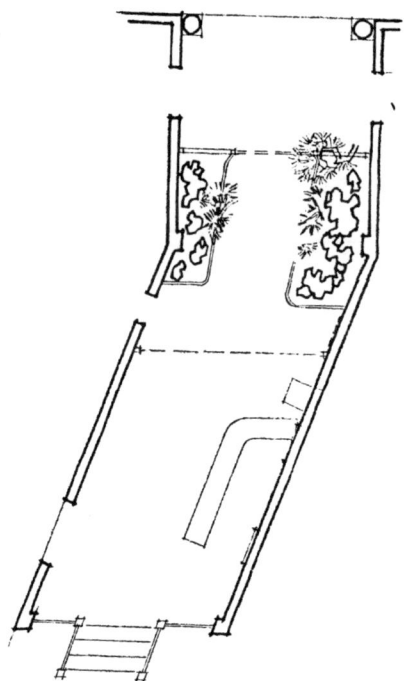

图8-7 广州银龙酒家入口处迎宾石平面

图8-8 广州银龙酒家入口处迎宾石

非是表示欢迎客人的意思，但与此同时也是入口处的点缀。还有"墙角石"，如北园酒家西厅的侧院，就院墙的阴角布置峰石，衬以竹丛，使阴角空间顿时活泼而有画意(图8-9)。

3.石笋的组立

立石的布势，一般采用高低两块峰石，矮的在前，高者稍后，斜倾倚偎，使石组有起伏顾盼之态，并要运用衬托手段来强调它的立体感。最忌"不是排排座，便是个个单"的布置。立植石笋，要适当有些脚石，不能平地竖起。如峰石重心不易支持，须用铁枝就脚部扎牢，并伸入基础来加固，随后再叠石掩盖，使斧凿痕迹不致外露。整支的石笋，一般先在其脚部加一石箍，然后埋入土内，使与体重取得平衡，并借以放宽基脚面积，以免有倾覆之虞(图8-10)。亦有凿榫眼为座石的，但没有用石箍来得方便。

立植石笋，要以多角度来考虑，如果石笋为四面玲珑，体形、纹理和色泽均优美，应尽可能使立石取得较多面的对景位置，结合苑道，使其能多角度被人们观赏。群星草堂的立石，就是采用这种布置手法。如立石仅一或两面的纹理较好，则应将好

图8-9 北园酒家西厅侧院"墙角石"

的一面向外，作为"对景石"或"墙角石"来加以利用。

立石妙在体型和石面的自然质感，不少内庭小院，将立石作为对景插在细琢石座或花台上，好像几案供玩赏，虽为庭院之一种点缀，但总觉比较缺乏自然(图8-11)。

石景

庭园石景，规模有大有小，小者仅为一拳半块峰石或者峦石，它只是作为山石的形式而存在，大者则有"连绵"三数十米，高及十米的假山，但也只能作为山水的片断来看待，布局上总不能脱离建筑的空间界限，并且经常与水局结合，起互相衬托的作用。

1.石景与位置

庭园石景布置，因所在位置不同，其所起"景"的作用亦异，一般有下列几种区别：

(1)对景 石景一般都起着对景作用，它的位置主要是在活动路

图8-10 石笋脚部石箍

图8-11 可园擘红小榭前石座上立石

线上朝着的焦点,作为端点或转折点的对景。例如泮溪的壁山及逢源北街84号的石景,都是布置在池岸的一端;潮汕的庭园,多数在花厅正对照墙之处堆叠几组石景,这些都是起着对景的作用。

(2)障景　在两个不同布局的院子之间,采用石景作为空间的过渡,使这两个不同风格的院子既分隔而又互通,有机地联系和调和起来。如清晖园东部的"笔生花馆"前布置"斗洞"石景,与对面"归寄庐"的内院分隔开来,但又仍是隐约可窥(图8-12～图8-16)。另外,在对朝厅的院子当中,为了不使两厅互相之间过于暴露,布置一座石景,使院子多一些层次,增加深远的感觉,东莞可园就是这样布筑一座壁山"狮子上楼台"作为障景(图8-17)。西塘的假山亦是障景一类,用来区分内外关系,同时亦属于照墙的性质。

(3)衬景　衬景的作用,主要是运用石景来点缀建筑环境,过渡到自然空间的一种手段,建筑和石景交相扭在一起,会使人有"咫尺山林"之感。它们互相组合的事例甚多,兹将其区分于后:

1)基座石景:以石景做建筑物的基座,使房屋好像盖在盘岩上面,诱使人们有处身于山林之间的联想。其中有临水布柱,如

图8-12　清晖园笔生花馆前斗洞壁山位置图

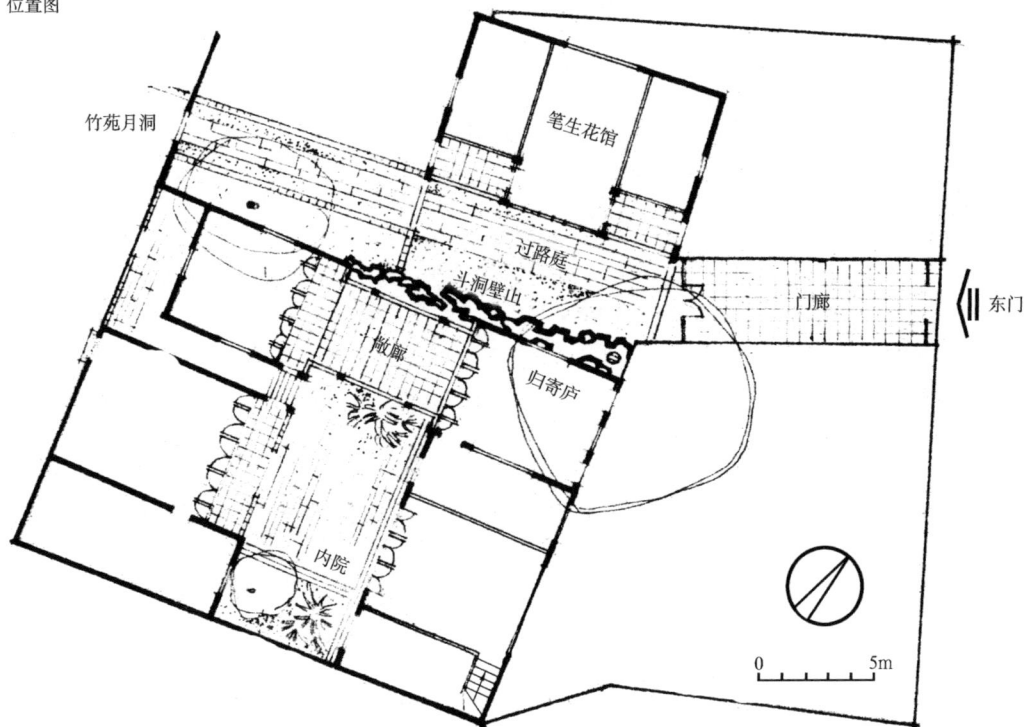

图8-13 清晖园斗洞壁山

图8-14 清晖园斗洞壁山

图8-15 清晖园斗洞壁山

250

390

90

50

0

2m

水穴

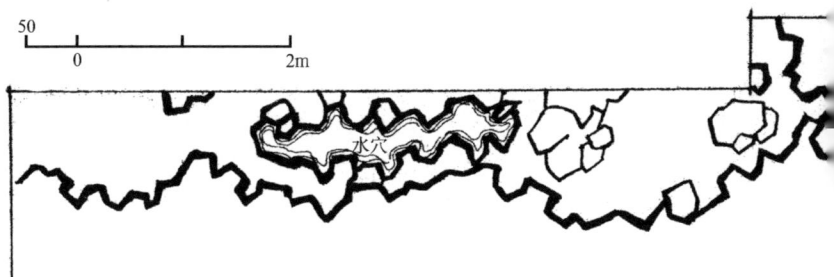

图8-16 清晖园斗洞壁山平面及正面

250
170

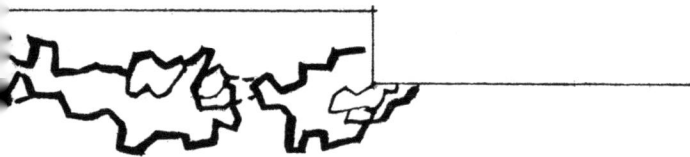

图8-17 可园狮子上楼台

泮溪桥旁小过厅的西南角落，越水修筑，柱基建在石景上面(图8-18)。桥座石景，泮溪桥廊的南端，桥头夹在石景当中，恰似在一组岩石间穿过。屋基石景，如西塘的山楼(船厅)，楼下西面用石景遮掩，恰像山楼建在山石之上(图8-19)。

2)附墙石景：附着墙壁贴砌山石，如新会城圭峰招待所水楼的小院，于门洞侧旁附墙叠石景，使院墙好像紧接着山势修筑，显得甚为活泼自然(图8-20)。

3)梯坡石景：利用石景叠梯，作为不同水平的空间过渡，如泮溪梯廊(爬山廊)的石级处理，它的升高过程，登山就是登楼。

4)池岸石景：结合水池布筑石景，沿池岸构成巉岩水穴，恰像一座自然的水池，泮溪的池岸处理正是一个例子。

5)洞房石景：从室内到庭园之间，接以岸洞石景，即李笠翁所谓"洞房"。《闲情偶寄》有云："以他屋联之，屋中亦置小石

图8-18 泮溪酒家小过厅柱基石景

图8-19 西塘船厅石景

图8-20 新会圭峰招待所小院门洞侧旁石景

数块，与此岩洞若断若连，是使屋与洞合二为一，虽居屋中，与坐洞中无异矣"。潮阳西园的假山洞房应属于这范畴内的一种类型（图8-21）。

2.水石局势

在自然风景之中，水形山势类型很多，山和水互为衬托、互相依存，构成瑰丽多姿的景色，如壁下寒潭、溪旁乱石、水中洲渚、山间池沼等等。在庭园中布置水石景，要运用各种深浅阔窄不同的水面，散聚参差的石景，高低疏密的花木，大小远近的建筑等概括的手法，将各种水石类型特征准确地衬托出来，使自然山水片断很好地再现，增加内院的自然气氛与感觉。从岭南庭园实例所见，可以概括为下列几种类型：

(1)山溪局　溪与沟的造型不同，切忌将溪做成沟。沟像水槽，岸形板直而不自然，缺乏石景的衬托，余荫山房的环溪水局，就是犯了这样的毛病。山溪水型虽然也是狭长，但岸形比较曲折活泼，并随处露出山石，悬岩水穴，争为奇状，衬托自然。

图8-21 西园假山洞房石景

图8-22 潮州饶宅秋园山溪局

潮州的庭园水石小品，采用这种局势的例子很多，例如王厝堀池墘饶宅的秋园，面积不到100m²，山溪宛转于石间，山石蹊径，曲水红桥，颇具自然趣味(图8-22)。

(2)壁潭局 当庭园面积不大，又要求将空间扩到最大限度时，采用壁潭局势是一个有效的手法。潭的水面可以不必太大，但山势则要有足够的高峻拔峭，即山高要比水面宽度大一些，这样才能显出作用来。例如潮阳西园的水石景，沿照墙筑壁山高达7~8m，陡峭临潭，隔水约4~5m为花厅水楼，凭栏对山，寒潭倒影，有山高水深的感觉(图8-23、图8-24)。

(3)山池局 山池布局和壁潭刚刚相反，石景高度要比水面小些，池的局面比潭要开朗一些，使山势没有压迫水面，而水具有深远的感觉。如泮溪的水石及西塘的山北外塘部分，都是属于山池一类的。

(4)洲渚局 表现湖畔水中洲渚的角落，如广州九曜园的水局，是以石堤、石洲和水面散理几块带有台面造型的湖石，将洲

图8-23 西园壁潭局

图8-24 西园,从水楼东望壁潭

渚的特征准确地衬托出来。

(5)水局 有水源之处,水景的运用,是庭园中布景最有效和最经济的手段。在整理基地,平衡土方时,适当地挖地开池,临池筑岸,不但维护费少,一劳永逸,而且养鱼种莲,平添无限景色,并可以结合生产。中国建筑结合水景,是它的优良传统之一,所有园林以至庭园,都少不了有临越水面的构筑,所谓"临溪越池,虚阁堪支",构成"池馆"的建筑形式。如《扬州画舫录》所载,就有:水廊、水阁、水馆、水堂、水楼等等,几乎陆地上所能营造的,都可以和水结合起来处理。水是动态的、有远意,构成的空间显得自然活泼,易于和自然或者建筑环境取得一致的比例,给人以清空深远的感觉。

池馆式的庭园布局,要求水面在庭园之中占较大的比例,所以在较小的院子里,几乎大部分要挖成池塘;至于池岸处理,一般为下列两种:

1)自然池岸:群星草堂的池塘是不整形的自然式池岸,有些用石砌，有些为土坡，比起全部石砌驳岸来得自然活泼。临池—亭—船厅，池岸曲折多姿，设有澳口数处，"断处通桥"，桥用石板，低平水面，沿墙栽竹，绕池植水松，使水局来得清空雅致，优美自然(图8-25)。

2)方塘驳岸：多用石砌垂直驳岸，虽然比自然池岸似觉呆板，但只要水面和建筑的比例合度，砌作得宜，仍然可以给人优美的感受。清晖园的方塘，临池建水亭、水榭和斋馆，船厅侧靠东北角与书屋连接起来，形成一个临池的庭院。塘为18m×36m的长方形，所有环池建筑型体不大，布置疏落得宜，整个气氛调和而不呆滞(图8-26)。

水局除以上几种类型，当然还有其他的局势，不过，在岭南

图8-25 群星草堂自然池岸

图8-26 清晖园沿方塘驳岸布置水榭斋馆(叶荣贵作)

一般庭园水石景的布局，以运用上述者较为普遍，其余如瀑布，由于水源不易得，费工而难精；涧的局势亦未发现。

3.空间结构

水石是庭园的特殊空间组织。它和建筑空间、绿化空间交织在一起，综错掩映，构成庭园优美的轮廓和丰富的内容。水石空间结构的目的，是为了扩大院内的空间，使原来平淡和呆滞的内庭，变得有高低起伏、迂回曲折的自然景色。一般的运用手法大致有下列几种：

(1)高低起伏 起是堆山，伏为挖池，一堆一挖，使高差加大，从而内院的空间亦随着扩大，这是扩大空间最有效的手法。例如广州逢源北街84号的水石景，山势从地面起计，不过占山高6/10，再从地面往下挖池，石景结合池岸堆叠，从池底到地面又增高石山4/10，这样便会觉得山势高峻。潮阳磊园，有意识地降低楼厅和前阶的标高，比较对着的假山基座低1.1m，从而扩大院内空间起伏之势。

(2)曲折迂回 在庭园水石之间，有意识地组织一道整体性的连续"风景线"，穿插一条迂回曲折的山径，所谓"蹊径盘且长"，以增加院内的空间层次。如泮溪酒家和西塘的石景，有一条山径蜿蜒上下，起落盘旋，假山占地虽不多，但曲折幽深，意境多变，自能小中见大。

(3)互相渗透　两个相邻的庭院，分别局限于自己的范围内，如果仍以墙或其他建筑物划分彼此，定感空间狭隘。倘若运用空间渗透手法，以水局来沟通，池岸也布置石景，使两个庭院的空间交融起来，若断若续地成为一个整体，风景线不只局限于一个院子内，这样景的范围也就扩大了。例如"泮溪"东西两院及"西塘"两庭的关系，都是采取这种手法来扩大空间感觉的。

石景造型

石景的造型，虽然没有一定的成规，但在庭园里会受到下列一些因素的影响：a.端景、障景和衬景的位置关系。b.结合游览路线的山势起伏，如路线是险陡的，石景造型也就峻峭一些；平易的，就开阔一些。c.其他如石料、规模以及建筑环境等，对造型都有一定的关系。

最简单和最常见的石景为"三峰"石组，即《园冶》所说："假如一块中竖而为主峰，两条傍插而呼劈峰，独立端严，次相辅弼"的石景组合；广州石山匠师称主峰为"玄武"，劈峰左为"青龙"，右为"白虎"。常见的三峰高矮虽没有硬性规定，但是大约可以参考下列比例数字来安排：

白虎　　　玄武　　青龙
(右劈峰)　(主峰)　(左劈峰)

　5　　：　10　：　7

主峰高矮亦无一定限制，只要与院内的空间组织合度。一般约为院宽的1/6～1/8是比较适当的。三峰的造型与组成总是以"势如排列，状若趋承"为原则；要有起伏照应，要有前后立体感。同时，还要考虑建筑环境的衬托和比例适宜，才能引致人们有"宛自天开"的联想。新会城柱石里杨宅"荡云"和广州逢源北街84号园中的三峰石组都是较好的例子(图8-27、图8-28)。

在广州流行着许许多多石景造型的"程式"，都是从三峰石的发展和演变出来的。由于建筑环境、体型大小等因素的影响，这些程式本身的变化也还是很多，就常见的可以归纳为两大类型：

400主峰(玄武)

280左劈峰(青龙)

200右劈峰(白虎)

150　　　100

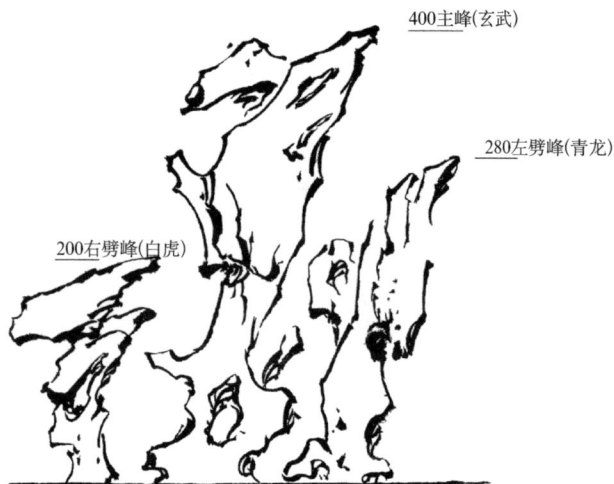

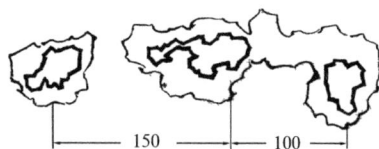

图8-27 新会柱石里杨宅三峰石组"荡云"　　　图8-28 广州逢源北街84号某宅花园三峰石组

1.壁型石景

广州一带的壁山造型，由于所用石料关系，以玲珑通透为主；所谓"型"，不过是几组峰石逶迤相连，其间虽然没有显著突出的高峰，但峰石连绵，若断若续，仍具有峰峦起伏的轮廓气势。例如大良清晖园的"斗洞"，泮溪酒家山楼下的壁山，这类石景，石山匠师通称为"夜游赤壁"(图8-29)。潮州的壁山，采用大块的花岗岩山石堆筑，造型浑然一体，以厚重古朴为主，虽然没有那么剔透，但壁的感觉来得自然真实。两种壁山在造型上都有它们共通的特点，山石气势一般开阔平远，没有显著突出的高峰。壁下或壁顶蜿蜒着一条曲折的山径，构成院内起落盘旋的游览路线。由于壁山山势平矮开阔，需要运用一定的布局手法，才能在观赏时，觉得峭峻矗立，引致人们有处于深岩绝壑的联想。下面是壁山几种不同做法的实例：

(1)贴墙构筑　这一类多为壁山小品。由于院内地方有时较狭小，但又要布置一定的山林气氛，所以就靠墙贴砌一些山石以作点缀。这是所谓以墙为纸、以石为绘的做法。清晖园的"斗洞"有一部分贴在房屋的山墙上，潮州很多庭院的石景，则靠着院墙贴做。

图8-29 泮溪酒家壁山

（2）负楼构筑　壁山脊背之上建楼台，壁顶没入山楼的墙壁内，这是"贴墙构筑"进一步的发展。为产生无穷山势的联想，将山顶没入建筑前墙，这是不露壁顶的办法，好像山楼建在悬崖峭壁之上(图8-29)。泮溪的壁山属于这一类型，从池东仰望，危崖削壁，楼阁凌空，诱导人们联想楼后有千山环抱之势，而前面的壁山则仅是大山之一隅。

（3）壁代照墙　沿着厅房院子照墙之处筑山，正如李笠翁所谓"或原有亭屋，而以此壁代照墙"的做法。照墙一般与邻院相隔，在这里筑山容易缺少背景衬托。由于最忌对望露顶，因此潮阳西园的壁山，采取将山加高，并缩窄壁与船厅之间距离的办法，符合了李笠翁所说："客坐仰观，不能穷其颠末，斯有万丈悬崖之势，而绝壁之名为不虚矣"的要求。西园壁山采用普通山石堆叠，纯朴雄厚，是浑然一体的壁型(图8-30)。

（4）前山后壁的布势　李笠翁所谓"凡垒石之家，正面为山，背面尽可作壁"。樟林西塘、东莞可园的石景，都是这种做法，但处理手法略有不同：

1）"西塘"壁山长约20m，高仅3～4m，用普通山石叠做，为

图8-30 西塘壁山

浑然一体的壁型。园内山南临溪及小塘，壁下山径蜿蜒，隔水为
"六角拉长亭"。由于壁山低矮，亭的构筑采取压低檐口的办法
(封檐板下边缘至地面仅2.45m)，坐亭观山，与李笠翁所说："目
与檐齐，不见石丈人之脱中露顶"的道理是一致的。山北傍外
塘，这里是绝壁临水，不再重复"不露顶"的处理手法，以宽阔
的水面为空间过渡，只能隔岸眺望或泛舟塘上，石壁削立，老树
盘根，危楼凭石，构图幽美，另有一番境界。

2)可园的壁山，采用拳状珊瑚石(当地称为碱水石)堆叠，基本
上是广州一般的做法，但比较雄厚些，接近浑然一体的造型，这
是由于石料的关系(图8-31)。壁山规模不大，高仅3m左右，北面
有"亭台"，虽亦逼近石壁，但未能收到仰观不露顶的效果。朝南
山背作峭壁型，可惜缺少建筑或水面的环境衬托，孤立于地上，
壁顶秃露。

2.峰型石景

峰型石景的主要特点是主峰突出，体型峭峻秀拔，附从石组
比较矮小，整个石景轮廓起伏明显，结合峰的造型，山径起落较
大。石景不外乎是自然山势的再现天然山势，变化万千，因而峰

图8-31 可园壁山

石的形态也就各异其趣，有峭拔、有开阔，甚或有些像形鸟兽人物。因石景各种不同的形象，人们附会品题，渐渐成为一种"名堂"，即石山匠师的"石谱"里叫做"喝景"。例如什么"风云际会"、"狮子滚球"、"仙女散花"之类，好像一种程式或者画谱似的(图8-32)。这些"谱"仅是峰型石景造型的几个基本手法，为一般石山匠师所谙练，只要说出"名堂"或"喝"出景来，便会按"谱"叠造。由于手法和技巧有高低，造型出入很大，且因建筑环境、体型大小、地形位置及石料的情况条件不同等等，影响到每一座石景的具体造型，所谓"谱"，不过只是大体的轮廓，供叠塑时便于安排。常见峰型石景的"名堂"有下列一些：

(1)"风云际会"　特点是由几条梯径构成主峰，像几条龙交相缠绕，会合于山巅；山径石梯上落交错，忽聚忽散，穿越岩洞，构成许多复道，洞上有洞，石型佶屈变幻，峰峦竞秀。例如逢源北街84号园中的石山，是这一类的典型(图8-33)。石景耸立小涌之南，绕水阁，渡石板桥，循岸边穿洞至主峰之西麓，是为山径。梯径则有三：一从西面垂直而上，经峰背至山巅；其余两梯分别从东西麓

a.狮子滚球

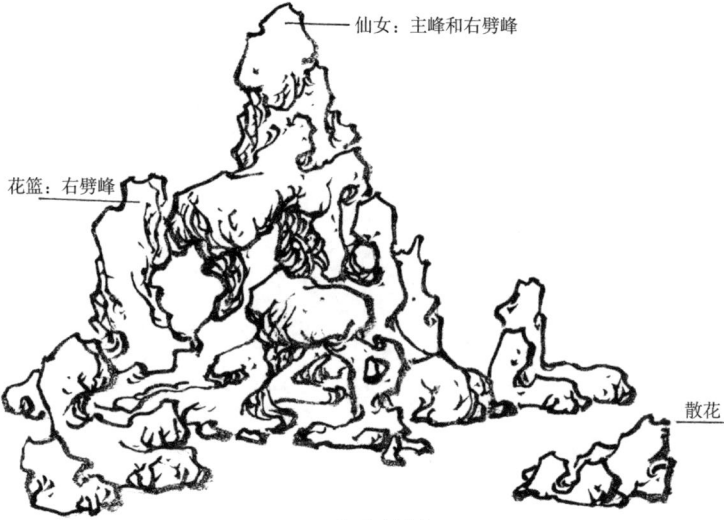

仙女：主峰和右劈峰

花篮：右劈峰

散花

b.仙女散花

美女：主峰、左劈峰

侍女：右劈峰

美女的座位：石几

c.美女梳妆

d.东坡游赤壁

e.九狮图

主峰(冱石)

大悬岩(黄罗伞)

石几(太子座)

f.黄罗伞遮太子

铁柱：主峰反左、右劈峰

回龙

石滩

g.铁柱流沙

图8-32 广州石谱

790

图8-33 广州逢源北街84号花园中的"风云际会"石景

入口，盘旋洞内，隐约可睹；西梯至半山转出洞外北面，复折至东部洞顶，和东梯会合后，再继续攀登，并在山顶与垂直西上之梯径交会一起。整个石景，主要由三道石梯离合交会，构成比较秀拔的峰型；广州现存的石景，以此为最佳，而规模也较大。

（2）"美人照镜"、"仙女散花"和"贵妃出浴"等美女形的石景 这些"名堂"的造型，基本上是大同小异。它们的共通特点是：主峰和劈峰可以明显地看出来，构成的山洞不很大，山径也不太复杂，周围小峦石较多。如广州六榕路飞园石景，是属于这一类型的

"美女梳妆"。主峰象征美女，半山有石几，作为妆台，右劈峰贴近主峰像持镜的侍女，前面罗列几组峰峦小石，则是影射婢从。这些石组构成主峰的前景，层次较多，富于立体感，游览路线穿插石丛中，乱石争路，是"未山先麓"的手法。并有山径宛转攀登石几，下有小洞，整个石景造型通透。"美女梳妆"与"贵妃出浴"或者"仙女散花"主要不同之处，在于前者有石几，而后者却没有。至于其余则均相类似而无多大的差别。

(3)"铁柱流砂" 主要特点是主峰矗立，形态要比上述两种更为峭拔，劈峰不明显，构成的山洞也不很大，配合开朗像河滩的水局，会令人有中流砥柱的感觉。山下水际有一条狭长的石滩，连着一组较矮小的峰石，与主峰起呼应作用，有若漓江山水的联想。广州长寿西路金陵酒家前院的一座小石景，是这类型的较好例子。

(4)"狮子滚球"和"狮上楼台"等狮形石景 这些石景都是状似狮子，外貌较为开阔，既没有上述几种峰型的峭拔，又不像壁山的逶迤平坦，而是近于"峰"与"壁"之间的一种造型。例如逢源北街84号的石组"狮子滚球"(图8-34)，劈峰较矮，好像支座，主峰似上盖，状若狮子回头，有动的姿态，所构成的山洞也较大。山径上落穿插，起伏比壁山要大一些，但比起"风云际

图8-34 广州逢源北街84号园中的"狮子滚球"石景(尚廊作)

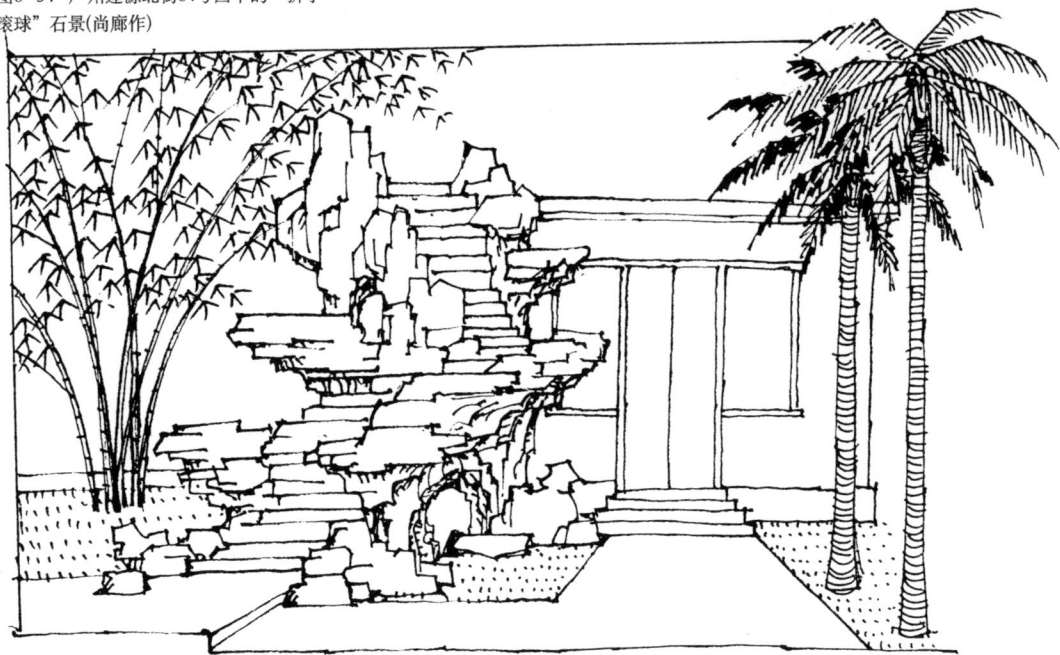

会"就平易得多。大型的狮形石景，还可以攀登"狮"顶脊项。

(5)"黄罗伞遮太子" 这一类型石景是以岩洞为主，由一块悬崖构成宽敞的"半山洞"，洞顶后半部置巨大的峰石来平衡悬崖，正合乎"悬崖使其后坚"的道理。洞内有石台，象征太子宝座，悬崖则影射罗伞；石景造型开阔平易，较之上述各种"名堂"都要雄浑一些。

上述石景的造型，不过是常见的几种，此外还有什么"皇娘晒锦袍"、"美人照镜"、"九狮图"等等。实际上，因形附会，石山匠师随意"喝景"，"名堂"因而甚多，变化亦大。所有"名堂"，只可作为创作时的参考，而不要为这种程式所限制。石景妙在似与不似之间，令人遐想而不失其天然山石的意态；最忌追求形似，反而弄成低级趣味，缺乏自然的真实感。

石景构筑及构成

筑山所选用石料的质量与形态，对于石景造型影响甚大，同时也要照顾到产地距离和运输方式等，所谓"因地制宜"，也正是这个道理。其实凡石皆可利用，尽可就地取材，至于能否出神入妙，则在乎如何掌握技巧和灵活运用。

1.石料

岭南庭园所用石料，可以分为两大类别：即石笋和石景的用石。就实例所见分述于后：

(1)石笋选石 石笋一般多采用英石，间亦有少数太湖及宜兴石(白果石)，这些都是过去商宦人家从远处带运回来的。英石具峰峦岩窦之势，产英德附近山涧溪水中，旧籍谓有数种，但常见者多为微青色而带有白色脉络、及微灰黑色两种。立石选势，一般以上大下小，所谓"云头雨脚"，具有拳曲飞舞，摇摇欲坠之势。就质选石，应具天然石面，如苏东坡所说"纹而丑"的纹理，瘦、透、皱之姿，这也就堪称为上乘了。立石基本上应是一块整体山石，这样要求是比较理想的，常因运输艰难或产地过远，用三五小块来拼叠，即使如此，总还要"依皱合掇"为原则，并用较大的石块封顶。

肇庆云浮产石灰岩峰石，色灰白，石面有弹窝，玲珑剔透，状类太湖石。潮汕庭园的石笋，多用具有天然石面的花岗岩山石，虽不怎样嶙峋突出，然而另有一种浑厚自然的风味。块甚顽劣，不宜高叠，因"无漏宜单点"。

(2)石景选石　石景所用石料，在质和形态上的要求都没有那样严格，石块大小，也可以随便些。由于筑山意图可以随人布置，这就在选石、用石上与石笋不同。

1)英石：英石具有上面所介绍的优点，不过石块小些，色青灰典雅，与绿化环境很调和，是叠做石景最理想的石料。石的纹理有蔗渣、小皴、大皴和斧劈几种，蔗渣纹为平行线束，纹理细致，宜作削峰；小皴"窍穴千百"，宜作小峰石及峰顶石等；大皴和斧劈纹理古朴，取材较易，宜作大面积的石壁、岩洞的倒悬石及峰峦的下部等。

2)湖石：湖石并非产自太湖，而是粤人对用于庭园中的石灰岩石的统称，以其形貌类似太湖石也。湖石有青灰色和灰白色两种，出肇庆一带者较佳，南海官山附近亦有出产，虽有弹窝，但洞眼不多，古朴有余，玲珑不足，宜用作壁山及岩洞石料。

3)山石：山石即花岗岩石。潮汕一带，因为缺乏英石和湖石，就地取材，利用山边水际尚保持着天然表面的石块，虽欠纹理，但垒筑起来形体沉实，被以苍苔藤蔓，另有一种古朴浑厚的风格。

4)珊瑚石：珊瑚石出滨海地区海中。当地人称为"碱水石"，为一种珊瑚类的骨骼，色灰白，状若菊花、蜂窠或牛百页等纹状，质较轻松，虽便于运送和造型，但须用部分坚石做骨架。东莞可园的壁山是用这种拳状珊瑚石堆叠的，苍古自然，效果别致，可能是国内仅有的例子。

5)石乳：石乳质轻多微孔，能吸水上升，对栽培花卉甚有利，但石质欠坚，兼之取材不易，只能作小景或散点石，以及贴砌洞内之用。

6)贫铁矿石：贫铁矿石广东随处皆有，凡没有英石或湖石可用的地方，都可以就地取材。质坚硬，土赭色，石貌如堆瘿瘰，形格苍劲。新会城圭峰招待所、惠州西湖及汕头中山公园等处，有不少石组是利用这种石料堆叠的，效果还好，但只适于陆地布置，因锈水时封水面，故不宜置池中。

2.构筑技巧

石景构筑的过程，可分为下列几个步骤：

(1)塑模 过去筑山，正如李笠翁说的："大半皆无成局，尤之以文作文，逐段滋生耳"。其实水石景的设计，在图纸上只能拟出大致的范围及高低轮廓，至于具体的造型和山径的穿岩越洞等等，则事先必须做出模型。根据模型按比例来施工，石山匠师就会有了全盘的观念，对整体的造型，心中更为有数，而不致再"逐段滋生"了。

模型的做法：在板上先将房舍和水岸线的平面放样，比例要看水石景的规模，一般由1/20～1/40，按设计标高在板上垫砖瓦块，做好池底和房屋内外的地势，并挡水泥沙浆或石膏。然后再按石景造型的要求，用同样的比例塑做石景模型，以竹条木片、长钉铅线和砖碎瓦块等为骨架，适当塑度的水泥石灰砂浆(1：1：4)为表材塑料(石膏或桐油灰亦可)，由下而上，由里而表地塑成石景模型。

(2)立基 根据模型对各石组的结构支承、石组的重量(约200kg/m³)，以及各支点的地质情况有了大致的估计，从而决定基础的结构类型。如主峰的受支承载荷较重，土质又较差，则须考虑用桩基，以免稍有走动，影响整座石景；劈峰一般负重不大，尽可用天然基础。立基先在基底脚石竖铁条，裹以顽石，并灌水泥沙浆，使干透后即可进行上部叠砌。

(3)构筑法 岭南石景构筑，基本上有3种不同的方法，但根据调查，采用混合方式来进行的亦属不少，如潮阳西园的壁山就是这种例子。

1)叠砌法：构筑与北方的"堆秀"、江南的掇山相类似，主要是配合堆垒法及塑山法来运用。

2)堆垒法：主要运用大块天然山石，由于石体笨重，处置困难，只能以起重方法来垒筑，很难执石端详、细致砌叠，堆垒筑山流行于潮州地区。

3)塑山法：这种筑山技巧在广州和粤中最为普遍，主要运用"石塑"的做法，而上述的"叠砌法"只是作为辅助的手段。它的特点是按石景的造型要求，用砖块或顽石裹铁条做坯(骨架)，然后用具有自然纹理的石皮贴在骨架上面，随意造型，不受石块的限制，因此，才会产生上节所述的诸多"名堂"。技法有些像塑做泥公仔，不过泥塑是用灰胶作表材涂在模坯上，而"塑山"则运

224

用石块连接。

3.石塑操作

"石塑" 是粤中特有的筑山技艺,做法有两种:

(1)对纹 塑做石景,在体型较大的部分,应先用顽石或砖块裹铁条做坯,再在外面贴上有天然纹理的石皮。表面石皮的贴法:先将石皮安置于适合的部位,以铅线栓束铁条上,在骨架和石皮的空隙间填塞1:3水泥砂浆,俟干透后将露面的铅线剪去,石皮即贴牢在骨架上。如石景型体不大,则无须用砖石裹铁条,石皮即可直接挂于铁条上,填塞砂浆,干后剪线如前法。剪线后,用灰砂浆调成与石面一致的颜色,按石皮纹理来整理石缝,使石景表面的气氛自然完整。

石皮的选择应注意纹理和色泽,前后左右及上下各部位都要取得协调均匀,顺着石面纹理的斜、正、纵、横理路,不要交错乱势;细纹与粗纹(如英石的小皱与大皱)不要截然分开,应逐渐由粗而细,石的色泽也是浓淡相宜逐渐退晕。对纹是全部使用具有天然纹理的石皮做表面材料,工作细致,要求严格,但是效果也较好。

(2)绚纹 在天然石皮缺少时,石景可以全部用顽石塑叠,贴皮填塞和剪线一切如前法,之后即进入"绚纹"阶段。所谓"绚纹",是先用灰浆填修缝隙,或局部塑补石形之不足,或塑做石面的纹理,使周围的石块生势和纹理取得自然完整。其次将石景浇至湿透,用水泥掺少许乌烟调成石色的粉末洒黏石面,使各色石块和灰缝种种不同的色调被粉末盖上,颜色取得一致,并可遮蔽原来的斧凿痕迹,成为色泽均匀和姿态美好的石景轮廓。这种绚纹做法,在运用"塑"的比重上更大;缺点是缺乏天然石皮的纹理和色调,自然的质感也差,但造型则可更加随意,取材方便,施工困难亦较少,宜于作为远眺的石景。

4.叠峰石

峰石和一般山峰的含义不同,它只是一块峰形山石,是石景的主要组成部分,并非一座具体的山峰。峰石的组成可分为脚、身、顶3个部分。

(1)峰脚 用大块顽石,以水泥沙浆裹铁条埋入土中,地下铁条横放,位置最好与脚石和峰顶岩石重心在一垂线上。从脚石伸出竖立的铁条,位置因峰身的造型而定。峰石附近地面上,要散理一些小峦石，使峰石不致孤立呆板。

（2）峰身　峰身为峰石的主体，造型要作"拳曲飞舞"之势，有"动"的姿态。峰身一般由岩、壁、台、洞、穴等几种"构件"组成，只要将这些构件交替运用得宜，自能收到"拳曲飞舞"的效果。峰身最忌叠成圆柱形，如桂林月牙楼的山石支柱和新会城圭峰招待所越湖小厅的临水石柱，使石景显得呆板而又缺乏自然意态。

峰身造型一般要注意打破圆形截面，分层交替地在不同方向突出石台，并在台的上下面连以岩、壁等。这样自然便会使得峰身有"拳曲"姿势。峰身由下而上叠做时，随着造型"拳曲"的需要，铁条也逐段偏心接驳，岩石除了靠水泥砂浆胶合牢固外，还须用"戗后石"来平衡悬空重量，所谓"悬岩使其后坚"是一切大小石景最重要的构造原理。此外，由壁接台或由台接壁，接缝都要做在阴角处，避免直转角而又须接砌得自然。在台上一般设有小穴，以便贮土栽植，潮阳西园壁山在各处石台上藏着许许多多瓦缸瓦筒，既可栽花草，亦可减轻石山的重量，是颇可取的一个实例。

（3）峰顶　峰顶做法有两种形式：一种为笋形峰顶（亦称鸟形），顶较尖削，如笋像鸟，由一台和一小顶石组成（图8-35）；另一种为云头峰顶（亦称兽形）。云头峰即一般所谓"云头雨脚"，上大下小的造型（图8-36、图8-37）。它的叠法，如《园冶》中所说，"须得两三大石封顶，须知平衡法"。由于峰顶石势要有飘逸的动态，顶石外伸部分须具戗后重量，才能维持峰石平衡，其构筑方法大致分为几个步骤：a.在峰身接上来的铁条扎"虾手铁"，虾手铁前端一般伸出几十厘米，以不超过1m为适宜，后端约留30cm压在戗后石下面。b.在峰身的顶面上放置戗后石。c.在虾手铁下面用铅线挂吊下悬的"岩石"，岩石要选择有下垂形状及大皱纹的石皮，随用水泥砂浆填缝俟干透后剪线。d.将石台栓虾手铁上，其余手续如前法。e.在虾手铁上面砌封顶石。

5.筑洞

较大型的石景少不了有洞，而山洞的

图8-35 笋形（鸟形）峰顶

小顶石

台

穴

小峰石

225

226

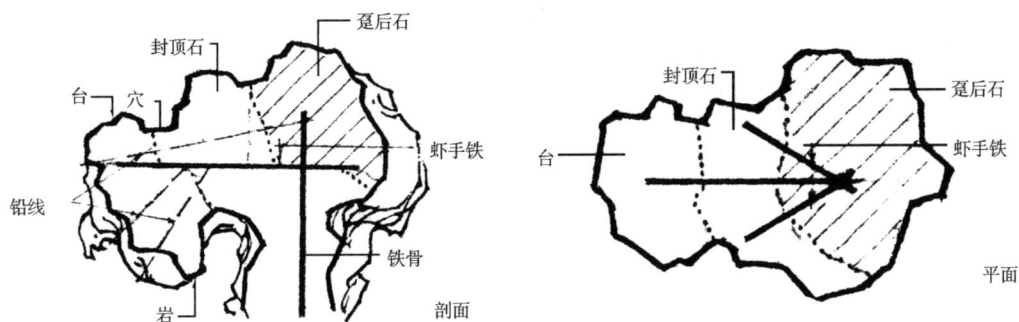

图8-36 云头峰顶(兽形)结构

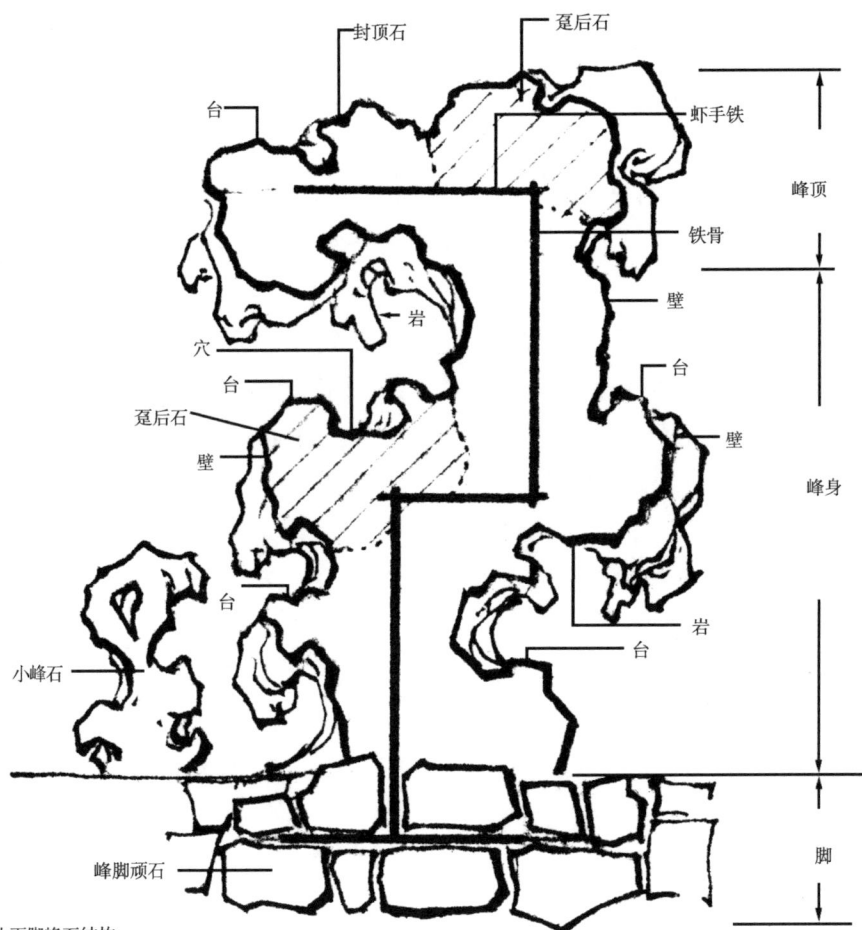

图8-37 云头雨脚峰石结构

构筑，由于"塑山"方法是以铁条为骨架，表面贴石，可以随意造型，并且洞的大小亦不受限制。洞的结构实则像房子一样，有柱、有壁、有顶盖。不过这些柱和壁以及上盖是用石皮拼贴，结合石景的自然山势，做成不规则的外貌。山洞可以分为单洞及复洞，下面分述洞的几种类型：

(1)单洞　最简单为三柱型的单洞，如"狮子滚绣球"石景的山洞，是以左右劈峰和绣球作支柱，主峰比拟狮头作为洞的"上盖"而构成一个大洞。

(2)洞上洞　如广州逢源北街84号的"风云际会"石景，由于石梯石径离合交错，或上或下，这就自然而然地使得梯径作为柱和壁、以及上盖而构成洞上有洞的复洞形式。

(3)洞内洞　如泮溪酒家的壁山，在"梯廊"(爬山廊)下面的大洞内还有一个龛式小洞。这种做法亦即所谓"单口洞"，构成洞内有洞。

山洞高度与整座石景高度比，虽没有一定的限制，但可以参考下列的比例数字(单位：m)：

石景高：4.5　　　5.5　　　6.5　　　7.5~8
洞　高：2.0　　　2.5　　　3.0　　　3.5

如果洞高山低，看来则像一张石桌，会觉得平矮失真；洞小山高，从造型要求是可以的，但洞顶峰石过高，荷载太重，结构上也会带来一些困难。筑洞大致分下列几个步骤：a.构筑支点，但是造型不能像几根柱子，一般是三峰石的劈峰或者作壁状。b.在支点上扎虾手铁。c.挂吊钟乳，要选择有滴乳状的大皱纹英石或石乳等，以铅线捆扎倒悬虾手铁之下，使人仰望有天然洞内石钟乳之感。d.在虾手铁上面用水泥砂浆座砌大石块，使钟乳、虾手铁和石块固结成整体，如洞上叠峰，须预先竖立峰铁。e.继续用石皮贴洞的表里各部分(图8-38)。

6.砌岩

山石下悬为岩，除结合石山组成外，尚有下列几种做法：

(1)岩岸　临水砌悬岩低垂水面，将水线退入岩下，岩边会显得曲折深远。水岸有垂直或斜坡，所以岩岸的构筑处理也就不同：

1)垂直水岸：建筑的外墙临池，水岸又是垂直而无余地修筑池旁小径时，可采用下面的方法：a.贴外墙砌做后座墙和前支柱(离

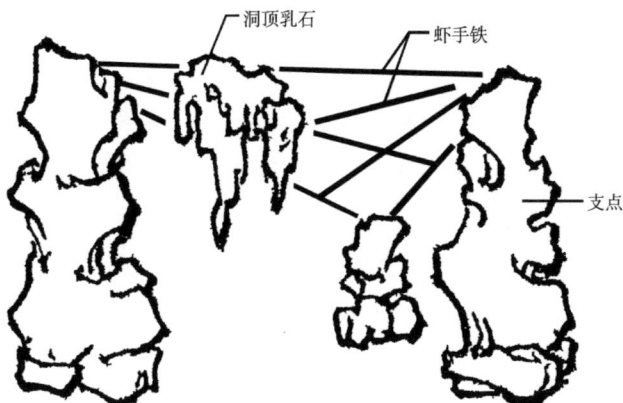

a.三支点结构

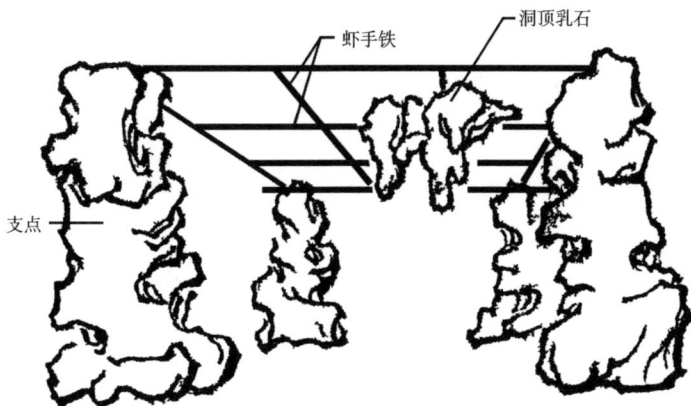

图8-38 山洞结构

b.四支点结构

后座墙1~1.2m，间距2~3m）。b.在前支柱架前梁（用石条、钢筋混凝土梁或型钢旧料均可）。c.在后座墙与前梁之上扎横铁条，飘出不宜超过1m。d.在横铁上铺砌条石，作为悬岩的重量平衡，同时亦为石径。e.如悬岩之上有峰石高度为h，则须沿墙叠筑趸后石组，其高度为(2.5~3)h，岩石和台石的总高约为0.5h(图8-39)。

2)斜坡水岸：如池岸为斜坡，前支柱须叠成峰石形体，前梁及横铁塑成拳曲石势，横铁伸至趸后石取得平衡(图8-40)。

(2)洞岩 沿壁砌岩，如《园冶》中所说："起脚宜小，渐理渐大，及高使其后坚能悬"，这和叠峰岩的道理是一致的，不过岩石的横面较宽些，成为一个"半山洞"的形式(图8-41)。悬岩飘出愈多就愈要注意结构平衡和趸后重量。趸后石高度(h)大约与飘出的深度相等，深度(d)则亦大致和脚铁长度相同，d值一般为1~2m。

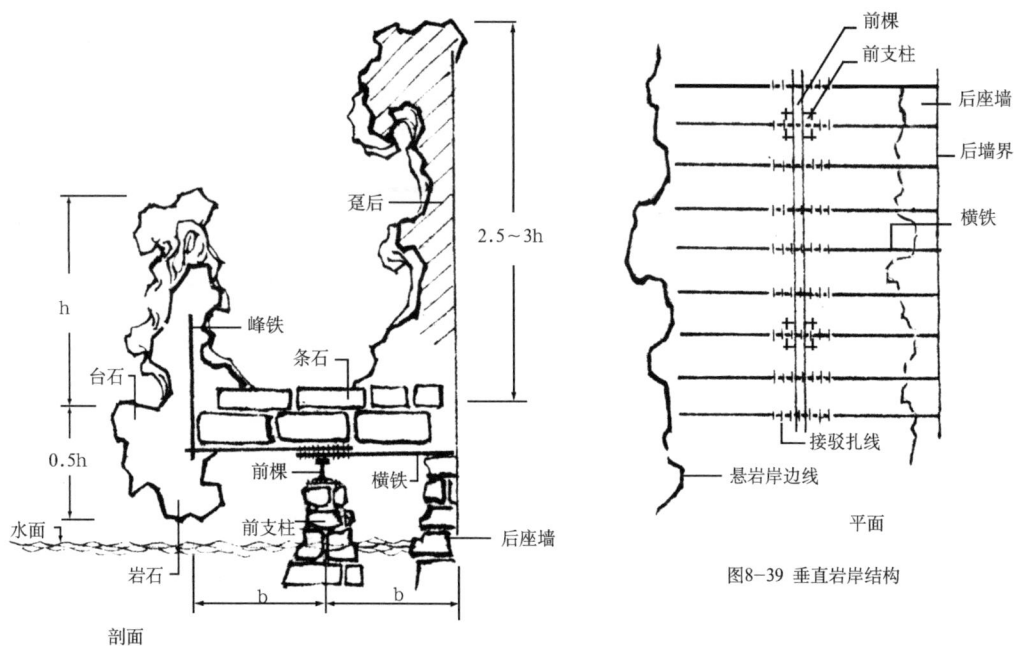

剖面

图8-39 垂直岩岸结构

平面

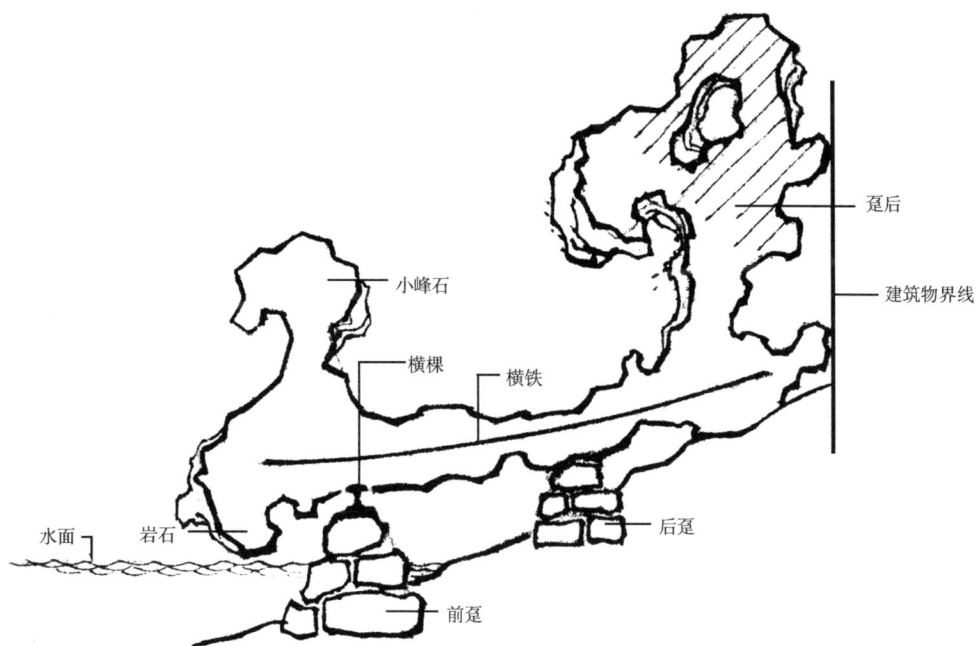

图8-40 斜坡岩岸结构

230

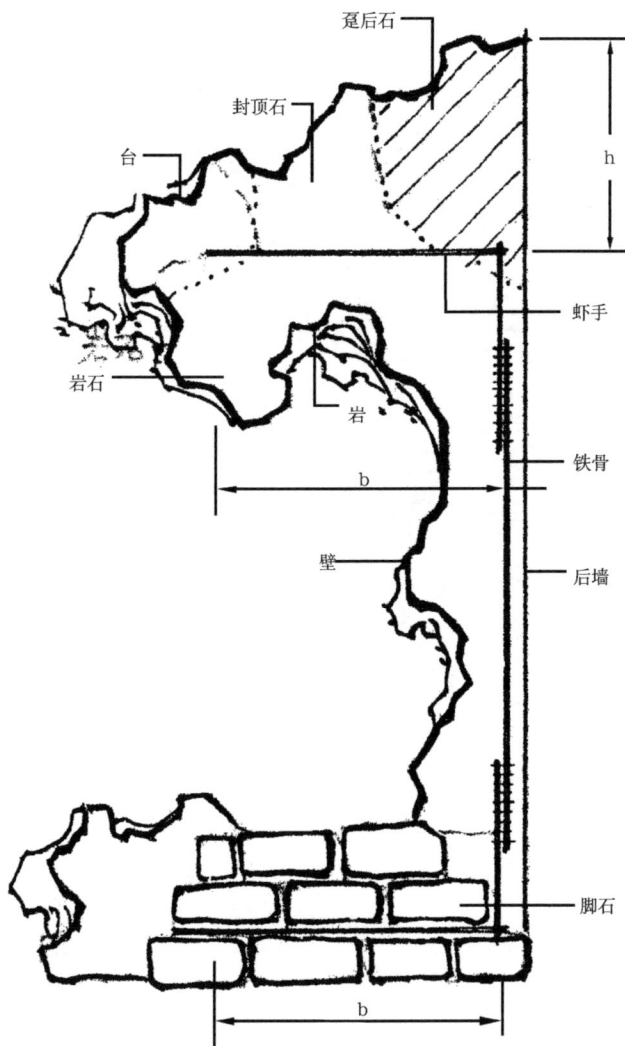

图8-41 半山洞结构

岩石的悬吊法和山洞的一样，用铅线栓束倒挂于虾手铁下，然后灌水泥砂浆及座砌冠后顶石，使其固结为一整体。

石景构筑，除上述几种外，还有石梯、石径和石梁(飞梁或悬嶂)等。石梯径如泮溪酒家壁山的石梯级和西关逢源北街84号园中"风云际会"石景的"龙"(石梯径)；石梁如潮阳西园壁山，"潭影"之上的悬嶂(图8-42)。这些结构，大致都是运用上述各种基本技法，这里就不再多加赘述了。

图8-42 西园壁山上的悬磴

9

第九章　庭木花草

第九章　庭木花草

　　庭园的空间结构，除建筑和水石外，绿化更是主要的组成部分。水石与建筑，只能构成庭园的一个大体轮廓，其中许许多多局部空间，还须安排一些景物来填充，才能成为完整的构图。庭园中如果缺少绿化，便会显得平板呆滞，枯燥乏味，并且欠缺自然清新的韵味，因此庭木花草的配植就成为这方面最有效的手段。从庭园本身的特点出发，对于配植要考虑下面一些因素：

观赏栽植的特点

　　庭园花木栽植，与大片自然林木或者专门经营的花圃、果园有所不同，栽花植树当然离不开生产，但庭园花木的"观赏"功能，却是一个不能忽略的因素。如果从"观赏"的角度看来，首先要明确庭园花木所起的作用和特点。

1.庭园绿化空间结构

　　庭木花草的本身就属于自然景物，体型不论大小，都具有完整的独立构图。按景物空间组合整体的需要，可以单株，也可成丛运用，和水石及建筑的位置关系也是参差交错，极为自由，不像水石建筑受到一定体型规律的限制。花木不仅可以作为景物空间的前景、背景，同时更可以隐蔽某些瑕疵。例如在墙角前面，为了减少角隅的生硬和单调，增加空间层次，配植几竿修竹，使整个角隅从地面以至檐际都处在翠竹后面，成为背景，而竹则作为前景，动静相间，互为掩映。花木树丛也可以作为背景，如果在立石后面栽植一丛茂密的棕竹或金樱子，可使石景富有意境(图9-1)；以黄白花色衬托深沉的山石，更觉空间深远，这是运用色调的对比方法来显出山石的风姿。亦有运用花木来使景物空间取得起伏参差的对比效果的，如平堤曲岸配植挺劲清秀的水松、落

图9-1 群星草堂茂密的棕竹丛作为立石背景

羽松、水杉等，波平如镜的水面沿岸栽桃柳等。另外，运用花木与建筑的交替布置，使亭阁檐窗隐现藏露于花木间，虚实相映。

庭园的空间结构透过花木配植，不但完整统一，丰富多采。而且由于花木随着四时季候、风晨月夕和岁月递增等因素的影响，它的空间构图也发生变化，因而园景的空间就产生了动的效果。如《园冶》中说："夜雨芭蕉，似杂鲛人之泣泪；晓风杨柳，若翻蛮女之纤腰"，不一而足的例子。由于节序变化，新陈代谢所引起动态效果的最显著者，首推岭南的笔管树(大叶榕)，初春匝月之内，由青绿而黄，再由黄而赭褐，而叶落纷纷，继而嫩芽竞吐，鹅黄新绿，满披树梢，仿佛《扬州画舫录》中描述"珊瑚林"对于四季节序变化所引起的效果："……古木色变，春初时青，末几白，白者苍，绿者碧，碧者黄，黄变赤，赤者紫，皆异艳奇采……"。

庭园花木与水石建筑的空间结构是交错参差，互相渗透的，加上自然气象和节序变化等所引起的动态效果，使庭园和一般的造型艺术有所不同，它的空间结构具有"掩映"的特点。其间各种景物互为表里，似掩又露，有起有伏，既静又动，构成一个整体的关系。人们惯于用"花木掩映"、"枝影扶疏"等词句来形容庭园这些特点，因此，花木配植，一定要从"掩映"的空间结构来考虑景物互相间的位置关系、品种形态、比例色调和栽植形象等，否则有如郑元勋所说："花木不适掩映之容"，庭园就很难收到"日涉成趣"的效果。

2.概括自然与自然的再现

庭园花木是自然风貌的再现，而不是将自然重复一遍，由于庭园规模有限，布置大片林木是不可能的，只能通过概括和简练的手法，将大自然缩影在有限的庭园空间反映出来。

(1)环境衬托的运用　例如一般庭园中的所谓"林"，根本和山林是两回事。杏林庄的"蕉林夜月"和小山园的"竹林鸟语"，从版画上看来，不过在庭院的一定范围之内，透过建筑环境的衬托，遍植芭蕉或翠竹，使得小中见大，或当暮色朦胧，投林鸟语等，使人在这样的比例尺度或者环境的气氛里，感觉有"林"的联想罢了。

(2)透过绿化反映环境的特征　在大自然中，往往有某些品种适应于某一特定的环境，或者有些是在某种自然环境所常见的。当人们看到这些草木时，便会联想到与此相适应的自然环境。中国庭园花木配植，早就懂得运用这种手法来强调庭园中的自然气氛。《园冶》中所谓"梧阴匝地，槐荫当庭，插柳沿堤，栽梅绕屋"，不但是透过某些花木的栽植来再现某种自然环境的特征，而且还结合了与建筑的相互关系。在岭南庭园绿化也不例外，亦经常运用这些方法，例如：

1)粤中乡间喜植水松，《粤东笔记》有载："广中凡平堤曲岸，皆列植以为美观"，清疏挺秀，可以说是珠江三角洲河涌堤畔常见的树木(图9-2)。佛山群星草堂、大良清晖园和楚香园等沿池岸多配植水松，最能衬托出水域风貌的特征。

2)山间溪涧，绵远逶迤，夹岸幽篁，青翠欲滴，所谓"看竹溪湾"，构图上互相映带。庭园的水石局，配植一些崖州竹，会使山溪水型的主题更易突出，如樟林西塘，在溪畔傍石栽植三两竿竹和棕竹丛，天然野致，颇有"水竹幽居"的画意。

238

图9-2 水松

3)冈上长松，是很普遍的自然现象。群星草堂于"墩山"上植山松(马尾松)三两株，苍劲古拙，使"平冈小坡"的气氛更加突出。

4)湖泊地区的洲渚水岸，到处有渚花芦苇的景观，《园冶》中谓"江于湖畔，深柳疏芦之际……"，在洲渚水石局势中，最宜配柳和萌(荻芦竹)，特别粤中的银丝萌最为美观。

5)阶前庭木，就传统多配植槐树、梧桐，或者玉兰、金桂等名贵花木，取其"金玉满堂"的吉祥意义。岭南则喜植香花，如白兰、黄兰、荷花玉兰、米仔兰和桂花之类，更能突出厅堂的人工雕琢与瑰丽精美。

景栽

庭园中的配植是人工与自然的结合关系，使植物材料与水石建筑互相联系，互相影响，从而互相辉映，使得风致增色，构成园景为一个有机的整体。因此配植上就需要对植物的品种、性质、形态等有所了解，才能运用灵活，配合适宜。

1.配植材料与选择的因素

植物品种繁多，特别是在岭南，由于气候温暖，雨量充沛，真是"长年花不谢，四季绿苍葱"，除原来的"乡土树"外，还有一些适宜在北方栽培的花木(如银杏、玉兰、蜡梅等)和外来引种树木。下面所提及的，只限于岭南旧庭园的绿化品种。庭园中配植花木，应根据栽植环境的要求、空间结构的需要等来进行选择，才能收到预期的效果。

(1)植物的习性　植物对阳光的宜阴宜阳，温度的耐寒耐热，湿度的喜燥喜湿，以及当肥当瘠、地下水位和土壤等等都有不同的要求。有喜卑湿荫蔽，有喜高亢向阳，亦有宜密植成丛，或宜株距疏阔，深根者可以栽于地下水位较低之处，而根浅者则宜于水位较高的地方。至于土壤关系则与品种更为密切，但庭园中如果培植范围不广而又实属必要时，可代以"客土"来处理。例如梅，性喜向阳和肥沃砂质土壤，排水又须畅通，最好栽于倾斜之地，不适宜直接临池或亦无水源的石山；水松宜于水边，最好为有潮水涨落的平堤曲岸，既不适应干燥，树头如长期受浸亦会死去；山松喜高亢向阳的冈头，不适宜于低温之地；茶花宜植阴处，过于暴露向阳就生长不好。总之植物的习性极其复杂，因而配植要结合庭园的布局，创造适应某些品种生长的环境，或者根据具体环境选择宜于生长的植物。

(2)生长状况　植物的生长是多式多样，有些品种生长迅快，适合于新辟园地或者急于要绿化起来的地方，《园冶》中所谓"新筑易乎开基，只可栽杨移竹"，就是因为杨和竹是快速生长的意思。配景有时要求与环境取得一定的构图比例，如立石旁就得选用九里香、南天竺、罗汉松、棕竹等，这些都是比较生长迟缓的花木，能够与石景在较长的时期维持一定的比例。有些树木前期生长较慢，后期则发展迅速，如榕树(细叶榕)、水蓊、蒲桃等，初时可能绿荫效果不佳，需间植些如白千层、木麻黄之类的快速生长树，俟后逐渐将其淘汰。白千层等还有另一种好处，因其生长迅速，可利用为防西晒或屏障树，树冠密度较少，不致妨碍理想树木的生长，与北方杨树实系异曲同工。当然竹在这方面也是理想的材料，竹有散生与丛生之别，庭园中应选用丛生的品种，不然遍地散蔓，就难于收拾。另外有些品种，幼时和成长后迥然两样，如九里香、米仔兰等原是灌木，但后来成为小乔木；又如馒头郎(薜荔)幼时以气根附生石上，叶小而薄，及至成长则藤粗叶厚，枝茎直立，满盖石面，难收"隐约"的效果。因此配植之间，对拟栽花木的生长情况要充分掌握，否则过了一段时期才发觉与原来意图不相符合，就不免废时失事了。

(3)形态及色彩　除植物的习性及生长状况以外，还须对其形态能否合乎景物造型的要求，及其各部分(树冠、枝干等)是否在空间关系上与其他景物配合等有所了解。例如：拟构成石隙间虬根盘屈之"盘"的空间关系，就得选择如榕树之类根浅而又多根的植物，深根的品种便达不到这种效果。要构成低桠拂水之"拂"的空间时，就得选择柳、蒲桃、楹(红花楹、凤凰木)和台湾相思之类的枝条柔软或下垂的树木，枝干向上生长如刺桐、银桦等就适得其反。另外，茶花、金桂等名贵花木，只可作立石、散石的衬景，如配植石山，反而会做成尴尬不自然的气氛。植物的形态与

图9-3 树冠特征

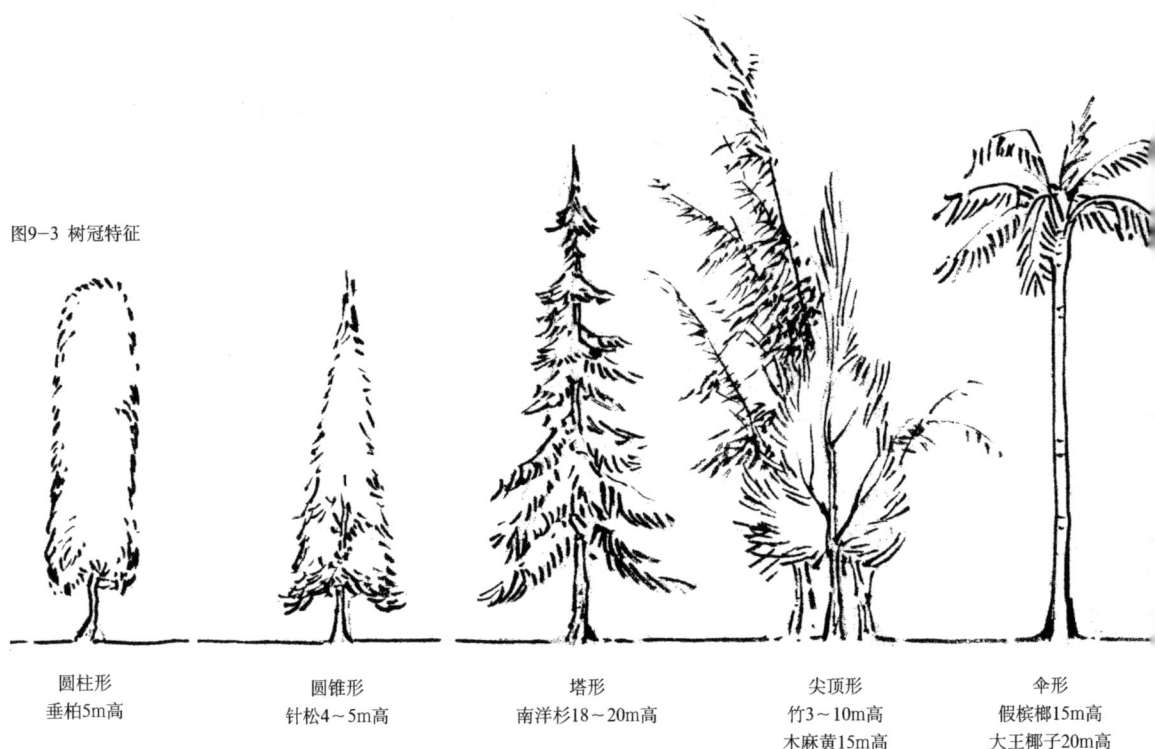

圆柱形
垂柏5m高

圆锥形
针松4～5m高

塔形
南洋杉18～20m高

尖顶形
竹3～10m高
木麻黄15m高

伞形
假槟榔15m高
大王椰子20m高

色彩，从观赏角度可以概括为下列几方面：

1)树冠：是一复杂绿色的集合体，其色调受叶色的支配，枝叶疏密也有一定的影响，而形状则以种别各异，远辨树类的特征，如：垂柏为圆柱形，针松(桧柏)、人心果为圆锥形，南洋杉为塔形，竹类及木麻黄等为尖顶形，棕榈科多为伞形，凤眼果(苹婆)、樟、石栗为半球形，荔枝、龙眼为球形，榕、楹、苦楝、乌桕为伞形等(图9-3)。由于树冠占有树木体型的大部分，并且随着季候的关系而变化，自春入夏，由黄绿、赤橙而浓绿，秋后渐衰退，景观也因此另有一番变换。至于形态变化，一方面由于树龄增加，从根到叶各部的变态，色泽也由浅而转深。另一方面则透过新陈代谢作用，因过程缓急的不同，大致可归纳为三类：a.常绿树(包括针叶及常绿阔叶树)，它的新陈代谢过程是逐渐进行的，界线划分不甚显著。b.落叶树，经冬落叶，脱落之前，有些品种如乌桕、枫树、大花紫薇、番石榴等，有一段萎黄时期，观赏上所谓"秋高红叶"，岭南因气候关系，红叶总是不会怎样"鲜丽如醉"的；但初春橙红色的荔枝新叶，则甚别致。c.第三类是间于常绿与落叶树之间，它的新陈代谢作用进行得非常显著和迅速，如前面所提及的笔管树，由青而黄，由叶落枝裸以至抽芽成荫，只匝月间就完成了整个过程，是庭木中颇为奇妙的景象。

结合庭园中配植的景观来看，树冠又有下列几种形态：

半球形
，石栗，樟10m高

球形
荔枝4～5m高

缴形
楹榕15m高

①高舒荡漾　如竹(图9-4)、芭蕉、散尾葵(图9-5)、大王椰子之类，特别芭蕉的树冠，《粤东笔记》有"……风动则小扇大旗，荡漾翻空，清凉失暑，其色映空皆绿"，正好是这种形态的写景。

②茂密婆娑　如榕树、乌榄、香樟、苹婆等树冠，枝叶婆娑，绿荫覆地，榕树成长后，则气根垂长，广荫亩地。

③清疏洒脱　水松、山松、璎珞柏、白兰、台湾相思、木麻黄、细叶桉等树冠，枝叶交相掩映，有潇疏雅逸的姿态。

2)枝干：植物枝干，幼时为绿色，随年龄递增，色调逐渐改变，一般多呈褐色，愈老愈臻苍古。亦有以品种而互殊，如：竹为翠绿，梧桐色青，柠檬桉色灰白，紫薇茶灰色，山松褐色，银

图9-4　西樵云泉仙馆靠墙植撑篙竹(侧视及正视)

图9-5 高舒荡漾的散尾葵

杏灰褐色等。至于形态，因树种而异趣，惟针叶树的干则多挺直。树皮裂纹，即使是同一种树，亦以年龄而互殊，幼时类皆平滑，渐即龟裂，有继裂、横裂、方形、矩形等纹状。枝条形状，实是曲直两线的变化，为波状，为蛇形，或先仰后俯，或先俯后仰，分枝角度亦各异，且以树龄增加而变态，"干之垂直者经年而根耸、枝之端挺者积岁而屈曲"。枝干的形态与色彩最为影响美观，园景配植上可以归纳为几种类型：

①修直型　如竹竿直立，叶枝簇生节间，疏密有度，"翠筱千竿滴润"，形与色兼美；其他如假槟榔、鱼尾葵、大王椰子等，树干灰褐色，"调直亭亭，千百若一"，叶聚树端，碧绿映空。

②挺秀型　如梧桐修柯长枝，干皮润滑，绿如翠玉；水松枝干耸秀，"苍皮玉骨"，别饶风趣。

③劲拔型　如红棉、人面(银棯)、银杏等，树干高耸挺立，枝

244

④虬劲型　苍松虬结，古柏龙蟠，苍劲而有动态；榕树、水翁等枝干，横空怒出，富有力感。另外，如老梅横斜疏瘦，鸡蛋花圆浑有力，楹枝夭矫曲垂，都是配景最理想的形态。

3)根张：根蔓隆起地面或附岩石，盘屈相纠，蟠曲如龙，如榕树、榄树、人面等，根姿奇趣。

4)叶：叶有单复、大小之别，形状有针、披针、卵、椭圆、匙、心、倒卵、倒心、盾等之分，至若叶尖、叶缘和基部亦互殊，形形式式，各异其趣。叶为树冠的主要构成部分，观赏上除叶形而外，叶色更为重要。如表里颜色、光泽、新绿、红叶等，尤其洒金榕(变叶木)的叶形叶色变化多趣，叶一般幼时色淡，年长渐浓，质亦较坚，色调的变化，虽同一树种，同一节令，亦以年龄异致。同时还因叶质厚薄，和所在地位的光线关系影响叶色，如：叶之透光者呈黄绿色，受光线直射者绿色，在阴处者浓绿色，荫蔽之下者深青绿色等。

5)花："赏花"一辞，具体些来说是包括花色、花香和花姿的欣赏。所谓花姿，应指花朵大、形态美或者千叶重瓣等。花一般白色多带香，色艳常缺香，花型大色多艳但绝少香。花，最好三者兼备，如荷花、玉兰、莲花等，实为花中的姣姣者。前人有云："梅花优于香，桃花优于色，若荔枝无好花，牡丹无好实"，也正是对"有不得兼者"叹惜之意。花的观赏，从配景角度可概括为赏色、赏香和色香并佳三种：

①花色　花的色调也可以概括为三种：a.绚烂炫耀，如红棉、刺桐、红花楹、炮仗花等。b.明媚艳丽，如茶花、桃花、紫薇、木芙蓉、夹竹桃、洋紫荆、宝巾(簕杜鹃)等。c.清新淡雅，如白茶、梨花、紫藤、千年桐等。品种选择，不仅花的色调，而且还须考虑花期的久暂。庭园中如经常拟有一些红色花朵，配植上就得这样安排：冬月—芙蓉、夹竹桃、红梅、圣诞花(一品红)，初春—绛桃、炮仗花，春月—刺桐、红棉，春夏间—洋紫荆、红茶、象牙红(龙牙花)，夏月—石榴、龙船花(山丹)、红莲、红千层、红花楹，夏秋间—紫薇、木槿，秋间—秋海棠(珊瑚藤)、簕杜鹃；而夹竹桃、洋紫荆、簕杜鹃等，花期甚长，延续数月不凋落，至于大红花(朱槿)则几乎全年着花。

洋紫荆成林栽植，以白花和宫粉红两色最清景，着花时远望，鲜艳不逊桃李。丰丽大型的花卉适宜眺望的远景配植，如松林下遍植杜鹃花更能表现出色彩对比关系；所谓"万绿丛中一点红"，正是眺望远景的配植手法。又如宿根及球根花草中的大丽花，花型大，色丰丽；剑兰花大，色艳盈串，均适于庭前花丛的选用。

②香花　岭南香花，品种较多，即如"广东十香"（白兰、米仔兰、珠兰、含笑、夜合、夜香、茉莉、素馨、瑞香、鹰爪），已早著远名。花香芬芳馥郁，有浓淡之分：清香者如兰花、梅花、玉堂春、米仔兰、水横枝（白蝉）、茉莉、素馨、鸡爪兰、姜花、荷花等；浓香者如黄兰、白兰、含笑等；花之入夜放香者，香气尤多浓烈，如夜合、夜香、鹰爪、白素馨、玉簪、姜花等是。

③色香并佳　如梅花的一些品种（绿萼梅、朱砂梅、品字梅等）、荷花、玉兰、玫瑰、香豌豆等。

6）果：果实的形与色亦颇美观，庭园中栽培果木除观赏外，应计及"啖尝"，所以对于品种的选择也要注意。同是荔枝，淮枝比糯米糍或桂味就差得多；同为番石榴，一般的鸡屎果和胭脂红的色、味就大不相同。岭南庭园中的果木，一般以地方特有的品种为多，如荔枝、龙眼、蒲桃、杨桃、黄皮、番石榴、柑橘类、香蕉、木瓜（岭南红果）等，不但树形优美，而且果实累累满树，色彩鲜艳。此外，如洋蒲桃的果色（淡粉红、光亮如蜡）、番荔枝的果形（球或心状圆锥形、由多数圆形的心皮合生而成）等，色丽形美，亦属观赏佳果的品种。

2．庭园的绿化组织

含义与园艺上所谓"配植型"有些不同。虽然仍是采用孤植、丛植、行植、植林等词语，惟在庭园结构中，栽植着重于结合景物来达到意境的要求，因而词语的运用，是就花木和环境的组合形态，说明配植的关系。

（1）单株　通常以配植乔木为多，规模较小的庭园，往往由一株庭树就得以解决院内绿化，因而最要讲究位置与水石建筑环境的关系。例如广州清水濠盛宅的水庭（已毁），就池边墙角间植槐树一株，处于参差的几何位置，与建筑取得最远的距离，覆荫似盖，构图如画。在较为开阔的庭园中，所谓单株，可能只是栽植上的位置关系，与其他庭木的距离较为疏远一些，比较有独立的构图，但是仍须注意配植上的整体关系，分中有合，互相照应，构成交相掩映的局面。例如楚香园"花径"(小牌坊)前面一株水翁和后面一株龙眼都是单株，但借着清晖园船厅作背景，两株树木由建筑联系起来，互相呼应。

(2)丛栽　分为树丛和灌丛，由多株组成，树丛常为三、五、七株一组，灌丛则为密茂的一囤一簇，实则是点植。丛栽在庭园中可以作为增加空间层次的手段，如群星草堂是随着散石布置灌丛，构成庭内景物空间多层次的效果(图9-6)。灌丛由于植物品种的不同，构成下面常见的几种形态：

1)修直整形：如棕竹、芭蕉和竹类［崖州竹、佛肚竹、青丝金竹(黄金间碧玉)、粉箪竹等］。

2)莽郁蔓交：如冬红花、簕杜鹃、鹰爪等。

3)密茂纷郁：如米仔兰、九里香、山指甲和观音竹等。

丛的组合，除了单纯以一种花木配植外，亦可混交组合，或者灌木与乔木混杂一起。如群星草堂的丛栽，以棕竹为主，每一丛都配一两株杂树，如乌桕、枫杨、桐树之类，略带一点山野气味，同时也强调了树木阴阳性的配合。不过，棕竹与乌桕等有些大小悬殊，过于对比，不若配以山丹、杜鹃花等小灌木，更能将棕竹主题鲜明突出。

图9-6 群星草堂灌丛与散石

(3)行栽 基本是线状的排植，一般在庭园中要有一定的建筑环境衬托，很少孤立地来布置，多数沿着建筑物的边缘界线，成行栽植。

1)沿墙列植：采用小丛沿墙界配植竹或棕竹等，这样可以增加墙面的层次和深度。余荫山房与瑜园在夹墙之间栽竹，作为两园的空间过渡，竿竿排比，摇曳墙头，非常别致(图9-7)。当然沿墙亦可以列树成排，但间距最好不要株株相等，以免陷于呆板。

2)傍岸栽植：沿着平堤曲岸，列树成行，所谓"插柳沿堤"，是最普通的配植法。虽然不一定株株等距，但总是沿着水岸线栽植，如群星草堂水局的水松，以及从石岐清风园图上看到的夹堤栽树，都是这一种方式。

3)苑道配植：沿径植树，如余荫山房的前院"路庭"，石径平铺，修篁夹道。这种栽植法，既是沿径，也是沿墙，在墙和径之间，种一行竹来增加空间层次。在较为开朗的局面，苑道一般由

图9-7 余荫山房与瑜园间夹墙栽竹

花木衬托出来，为行、为丛，布在一侧，两旁或转折之处并缀以蒲草(阶前草)、风雨花(赛番红花)等类，更能显出路形宛转曲折，及起映带和导向的作用。《邱园八咏》的"淡白径"及《杏庄题咏》的"桂径通潮"，都是借花木来衬托成"径"的。

(4)植林　岭南庭园中不少以"林"为景物的主题。如：小山园的"竹林鸟语"，杏林庄的"蕉林应月"，可可园"擘红小榭"的荔枝林，邱园"淡白径"的梨林，以及从馥荫园图卷看到的一片混交林木。庭园中的所谓"林"，大概是成块成片栽植的意思，细察之，则有两种处理手法：

1)小院的"林"：在小规模的庭院中，"巧"植几株枝叶婆娑的庭木，主要还须依靠建筑环境的衬托，于观赏时会感染到"林"的气氛。这就要求在一定范围之内，树木占面积的绝大部分，使人们从景物面积布置的比例上，觉得树木纷纷，小中见大，并须将赏景的位置深"藏"于"林木"丛中。例如西樵白云洞的山庭，遍坡栽竹，修篁中设"唾绿亭"，外睹千竿万个、翠筠密茂，加以自然环境的一番点染，当然就会有"林"的感觉。

2)庭园的"林"：有规模较为开朗的局面，"林"是一种有效的处理手法。从馥荫园图卷所见，平面布局有一片"林"，面积与规模都比较大，林中有路径，偏近池塘。一边为乔柯交错的树木，一边却是清空平远的水景，构成鲜明的对比，假若从对岸隔水观望，林的深度会觉得增大，而"林"的感觉也更为突出。邱园"淡白径"的梨林也是运用这种布局手法，《邱园八咏》序言中载有："由梅径而往，可通香国分区处，径中旁植梨花，隔岸又多杨柳"，平面布置是一片梨"林"，林边为径，径外池塘，隔水为柳岸。这样从构图和对比的效果来看，就会觉得"林"的深度更大、更突出，"梨花院落溶溶月，柳絮池塘淡淡风"的意境是不难达到的。

由于植物品种不同，因而"林"相就有许多不同的型，其中常见有：a.修直型，如蒲葵、芭蕉和竹类等。b.挺劲型，如馥荫园图中所见，大中乔木混交成林，有挺而直，有虬而劲的。c.交碍型，如桃、梅、荔枝、杨桃、鸡蛋花等小乔木，枝干交错横斜，有在林木间"对面隔树，不通话语"之慨。

庭木花草配植，由于所在环境不同，需要选用与景物适当配合得起来的品种，充分利用各种植物具有的不同形态，使它们和建筑、石景、水局等构成协调的空间关系，从而显示出不同景致。

1.配植与建筑

配植与建筑所形成的空间，主要因彼此之间位置不同而趣味各异，通常为下面几种关系：

(1)掩映　庭园中透过花木来窥探建筑物，会觉得层次重叠，掩映参差，呆板滞局顿时消失。厅堂阶前，一般采用均齐对称的平庭布置，庭木亦多依古法对偶配植，常为槐榆、梧桐之类，亦有白皮松和玉兰等。岭南则以白兰、荷花玉兰、米仔兰、丹桂等香花的庭木为多。在较为开阔的平庭局面，多是采用大小乔木，杂植成丛，使平庭空间透过高低疏密的庭木，显出有"竹木扶疏，交相掩映"的姿态，如清晖园中船厅和惜阴书屋所构成的平庭，就是运用这种处理手法(图9-8)。

(2)半藏半露　庭园建筑一般采用分散布局，连以回廊曲院，花木与建筑往往是互换交替地布置，位置关系则或前遮、或后拥，而建筑与建筑之间常配植一两丛花木，作为空间的过渡，使

图9-8　清晖园惜阴书屋平庭：树与树影交相掩映

得庭园的整体轮廓半藏半露，更多变化，富于"亭阁参差半有无，溪云浦树隐模糊"的意境(图9-9)。从馥荫园图和《杏庄题咏》中板画所见建筑和树丛的布局，参差错落，互为表里，正是这种空间关系。

(3)隐藏　将建筑隐藏在绿荫深处，"默黯静穆、炎日生凉"，这种布势，最简易的办法是将亭榭等隐蔽在竹林中。由于竹竿修直，根和树冠都占位不多，配植时所受限制不大，易于把小型建筑物"藏"起来。从拙政园图所见"净绿亭"(图9-10)和《扬州画舫录》载"荷浦薰风"的青琅玕馆，都是藏在竹林之内，这种处理手法，在中国庭园中自是由来已久了。广州花地杏林庄的"竹亭烟雨"(已毁)(图9-11)，和西樵白云洞山庭的"唾绿亭"两景，都是取这种布势，《杏庄题咏》中有："结构深篁处，亭开竹万竿，淡烟笼叶底，疏雨出林端……"，正好说明所达到的境界。

(4)"映带"　有时为了要突出长廊逶迤，或者小径蜿蜒的形

图9-9　可园绿绮楼与可舟：树丛与建筑错落参差，半藏半露

图9-10 文徵明《拙政园图》中之净绿亭

图9-11 杏林庄"竹亭烟雨"

态，循着长廊或路径的一侧或者两旁配植崖州竹等类，会显得廊径迤迤延长，竹修整而直，互相映带。如漱珠冈纯阳观山庭的爬山廊外侧，沿廊砌花基栽竹；北园酒家南院的苑道两旁，竹丛罗列，均收到"修竹映带"的效果。

(5)"木末"　为了强调楼阁高峻，绕屋配植一些中小乔木，不高不矮，树梢仅及栏干或窗槛之间，登楼眺望，但见树梢木末，和地面隔了一层树冠，因而层次增加，愈觉楼台高耸。邱园绛雪楼题咏中有"木末起高楼，楼高梦凉月"句，在人们登楼时便会感到仿佛云树烟波，凭阑可接。另外，在下仰视，楼阁的上层像给树梢掩映摇曳，相对的动态会令人有"架屋蜿蜒于木末"的感觉。

(6)树麓　林下树麓，布置小亭一方，或者石桌凳之类建筑小品，对比之下会显得树势高耸，使人感到盘桓于参天古木之下。如群星草堂的冈上植山松，下设石台石几凳，有如《园冶》中所谓"苍松蟠屈之麓"的意境。木末与树麓所构成的空间关系适相反，在感觉上，前者要求予人们以树矮楼高的印象，后者则为树高而物渺小，其实只是适当地运用物物之间的不同比例尺度，得出来的对比效果罢了。

2.配植与石景

庭园石景，多由人工构筑，不少斧凿砌作的痕迹，须要经过得宜的绿化配衬，方能掩饰，构成更完美的"景致"。由于石景造型是山水的片断或一角落，因而配植上构图的比例尺度要与石景本身取得一致，才不失自然的真趣。配植所选用的品种，除具有生长迟缓的特性之外，还须注意到它的形态，即配植植物在自然环境中的原来生长形状。《长物志》中有"结为马远之欹斜诘曲，郭熙之露顶张拳，刘松年之偃亚层叠，盛子昭之拖拽轩翥等状"，所指虽是盆玩，但假山树木是盆栽的放大，自然的缩小，实亦类似。石景配植所构成的空间关系，有下列几种：

(1)被盖　石景不免有斧凿痕迹，惟天然石山总会附生一些植物，因此在石景被上一层苔藓藤蔓之类，既可遮蔽石缝，又能增加自然风趣。如西塘的假山披以薜荔，群星草堂的立石覆以气兰，而可园的狮形石景则结合造型被以吉祥草、硬叶吊兰等，恰似狮子项鬣，使得石面在花草被覆之下隐约可见，显得"苍藓鳞披，根须垂长"，生态盎然(图9-12、图9-13)。

图9-12 西塘假山以薜荔披盖

图9-13 可园"狮子上楼台"以硬叶吊兰和吉祥草披盖

254

图9-14 顺德某园石景老榕树根盘屈
纠结

(2)盘曲　利用树根将石景盘绕，好像石下还藏着一片岩层，树生于岩上，而树根所缠绕的只是岩石露出部分。有时虽然树大石小，但感觉仍有岩石余势，相形之下，亦能小中见大。例如大良某园的石景，为老榕所缠绕，根若龙蛇，盘屈纠结，意态古拙（图9-14）。

(3)倚傍　配植立石，通常以九里香、罗汉松、紫薇等作倚傍之势，由于石静树动，互相对比映带，使两者不同的性格更为突出，而景物的整体构图又显得丰富多姿。九里香等花木生长比较迟缓，比例适宜，形态苍劲，在空间结构上和立石容易取得协调，而衬托出"一峰则太华千寻"的效果。

(4)插出　危岩石隙间，乔柯横屹，兀峰挺劲，这种"插出"产生了构图上的庄严安定之感，景致平添。如西塘石山北麓，悬崖临水，半壁间插出老榕一株，安插得体，妙在斜出。《园冶》中所谓"乔木参差山腰，蟠根嵌石"，正是这种空间关系的示意。

(5)偃卧　柯干偃卧石上，虬曲若龙蛇蟠踞，如漱珠岗纯阳观山庭中有老鸡蛋花一株，偃卧石上，树冠外飘，樛曲倒悬，圆浑古劲，意态如画。

(6)悬崖　壁型石景，倒挂"悬崖"几枝，更会突出削壁矗立的气势。崖壁挂植困难，较易配植一些剑花(量天尺)和蕨类，亦能突出峭壁倒悬生态的特征。潮阳西园的壁山，就是采取这种配植办法。

(7)遮棚　为了扩大岩石盘郁山势深厚的效果，配植浓密的灌丛如棕竹之类，作为背景"拥"在石景后面，石势便好像不是孤立的，使人联想到灌丛中还有石景的余势，地下还有盘岩石根，意境显得深远。群星草堂石景，不少采用这种配植手法。

3.配植与水局

配植上就水局的部位来划分：有水岸、水畔和水面三个方面。水岸以乔木为主或亦有配植以灌丛的，水畔和水面则为水生及能耐湿的植物，常见的空间关系有下列几种：

(1)披拂　池岸、桥头配植垂柳或榿树之类树木，或枝桠向下，或柔条低垂，轻风飘拂，临水纷披，大有逸致。

(2)横斜　水岸另一种配植关系，如栽植榕树、水翁和荔枝、鸡蛋花等。前者枝桠雄浑，状若龙蛇，怒出横空；后者柯干苍劲，横斜越水，意态甚佳。

(3)映带　亦有运用"映带"来配植水岸，如沿池栽水松，循溪插粉竹，使澄平如镜的水面、逶迤曲折的浅岸，与挺劲修直的树态取得对比的效果。

(4)隐约　水畔配植的主要作用，是使部分的岸线给花草遮掩起来，隐隐现现，隐约可见。配植以水型关系不同，可区分为：a.塘边、池畔：于岸线凹入之处布植风车草、鸢尾之类，姜花、美人蕉等则适宜近水坡际，分组分丛，散落点缀，使岸线收到"芳草池塘"隐约的效果。b.洲渚水型：在堤堰两端与岸线交角处，石洲水畔配植银丝莔和风车草等。c.山溪水局：于水石间栽石菖蒲，溪流岸际可配以鸢尾、莔、箬竹、水横枝等。

(5)水面　水中栽植一般以莲菱等为多，尤以荷花最为人们所喜爱，红莲映绿水，翠碟捧银珠，以其富有诗情画意，甚而至"留得残荷听雨声"，对枯叶也还可以玩赏一番。池中植莲，在构图上主要作用是划破水面的单调，使平坦而单调的空间，变成有起伏参差之姿，并须结合建筑环境，将观赏位置突出，一般多采取湖心亭或皮亭水面的布局，如楚香园、清晖园等处的亭榭。荷花又往往构成为景物的主题，如喻园八景(九曜园)有"补莲消夏"、邱园有"涵碧亭"、杏林庄有"荷池赏夏"等，而其意境一般是将夏日的和风、水上的虚亭和水面的荷花结合起来，取得风凉水冷红莲香的效果。

荷花不宜遍布池中，致令有水等于无水之叹，限制办法可参考昆山正仪顾氏园中荷池，藕置石板底，凿金钱眼穿出叶梗；有些地方采取池底置缸栽莲，潮州城南书庄的荷池，截面分为两级，池中植藕之处较缘边部分深80cm，可使其不致蔓延滋生。宽豁的水面，肇实(芡实)还是配植佳种，叶片大小平铺，疏密自然，大有渔舟星布之象，与荷花并植，收效更大。

4.绿化添景

所指的"添景"，主要是从建筑角度出发，即有些建筑事物须与绿化密切结合，才成为一个整形。例如绿廊、篱屏之类，以及草丛、绿茵等，因其配植关系有赖于建筑环境的衬托，而构成完整的景物空间。

(1)绿廊 绿廊是这类花棚架绿化建筑的总称(花棚、花架或者花廊)。在性质和处理上基本相同，只是平面形状有别；前者近方形或矩形，而后者为长条形，状似回廊，不过"顶盖"是运用绿化来处理。

1)花棚：花棚通常接在花厅或小厅前面。余荫山房(图9-15)和西塘都是这样，亦有独立处理的，从清风园图也可看到临水小筑之旁设有花棚。花棚和建筑结合一起，有时还可以成为景物的主题，如邱园中"紫藤花馆"，据当时画家居廉的诗句有："筑馆藤花下，春阴紫雾融，柔条牵细雨，嫩叶袅微风；影落胡床下，香流叶架中，雄蜂约雌蝶，晒粉入芳丛"。把花棚和建筑的关系，花棚造型与花香、色、影，以至蜂蝶穿插等，都从画人的观察中反映出来。

2)花架或花廊：可园设花架由桥头通至可舟部分，逶迤曲折，基本上和虚廊类似，只是结合绿化一起，造型不相同。"小画舫斋"船厅，沿着外檐台基布置花架，好像一道复廊，取得互相映带的效果。

(2)篱屏 小画舫斋敞厅的前廊西端，以铁枝花作屏，中设圆门洞，周围攀绕紫藤，把绿化和装修结合在一起，像一幅绿色的"洞罩"。另有一种别致的做法，如邱园"壁花轩"，"植花四围，前后间以帘屏，榜曰壁花……"。其设计意念：借疏帘作衬

图9-15 余荫山房花棚

底，使外间花木轮廓透过阳光或月色，在帘上掩映显现，像一幅"影壁"。轩为画舫式，夏日荷花映帘，仿佛舟泊莲塘水岸，使人联想处于清幽雅静的境界，暑气顿消，这是运用环境特征的衬托手法，结合建筑装修来布置。

此外，以棚架和篱屏组织在一起，将建筑遮盖，如大良某处内院，在小楼后面设一幅大篱屏与露台上花棚连为一体，植葡萄攀缘，有"浓阴铺屋瓦，余绿映窗纱"的效果。

绿廊、篱屏的配植，运用攀缘性植物和构造结合，使绿化与建筑扭在一起，有如装修中的各款"间竹洞罩"。篱屏的关系属垂直绿化，起空间分隔作用，像一幅满插鲜花的墙壁；而绿廊则像前卷或虚廊遍布藤蔓，起空间约束和过渡作用，除此而外，都具有遮阳的效果。常见栽植的品种有：炮仗花、紫藤、凌霄、鸡蛋果、葡萄、金银花、夜香、秋海棠等，或者亦有利用毛茉莉和簕杜鹃。至于墙壁垂直绿化，须选用具有气根或吸盘状卷须的攀缘植物，如爬山虎等类。

(3)花台及其他 花台、花栏、花基、荷池等，均是平庭中的点缀物，主要作用是将一些名贵花木的栽植位置突出，同时亦可打破一式平坦的局面，做成有少许起伏之势。花台以砖石砌做或乱石堆围，如栽竹多靠墙设置，茶花及丹桂等则独立构筑。花基的主要用途为放置盆花、盆玩，一般矮栏式砌造，沿内院檐下或苑道两旁修筑，曲折随路径，有时亦起花栏或路径收口作用。偶有采用绿篱，多以山指甲和观音竹为材料。至于荷花池，多置于平庭当中，强调与厅堂的对景作用，除凸出地面砌造外，亦有挖地为之。

(4)草丛和绿茵　水边配植草丛，如果对品种选择得宜，是突出水型的一种有效方法，上面已经分别叙述。至于苑道两旁或转折处配以草丛，不但观赏上是"添景"，还有起伏、导向等作用，使单调而平或直的路径显得活泼有趣。绿茵草地在旧庭园中不常运用，可能这种空间过于开阔，不够曲折深邃，偶或见之，亦是吸取外来手法。泮溪庭园中有以台湾草铺饰的地面，鲜妍翠绿，绵密柔软，确有"如茵"的感受，只是须经常修整维持，颇为费工。

后记

曾昭奋

*

一

夏昌世教授和莫伯治院士合著《岭南庭园》书稿于1963年完成，近10万字，并附几百幅插图。当时已按计划交中国建筑工业出版社准备出版。然因1963年起，阶级斗争之风日紧，反"封资修"之声日急，出版社只得将书稿及插图退回给作者。这一搁就是40多个年头！

夏老(1903—1996)和莫伯(1913—2003)都是岭南人，相识于上世纪30年代，于50年代后期起合作进行了岭南庭园的调查、研究并联名发表了《中国古代造园与组景》、《漫谈岭南庭园》、《粤中庭园水石景及其构图艺术》等学术论文，稍后又完成《岭南庭园》一书的撰写，为岭南庭园的研究和向前推进作出了杰出贡献。

2002年，莫伯治院士让我编辑《莫伯治文集》时，始将《岭南庭园》书稿找出。但原先已准备好的插画已经散失，一时无从寻找。所以，读者在《莫伯治文集》中读到的《岭南庭园》，就只有文字而没有插图，不免感到遗憾。

二

夏昌世教授是我的老师。1955—1960年我就读于华南工学院建筑学系。当时夏先生一边从事教学和研究、著述，一边从事建筑创作，以鼎湖山教工休养所、广州文化公园水产馆、华南工学院图书馆、华南工学院办公楼、中山医学院大楼等一系列建筑精品，为国内外同行所赞赏，被誉为当代岭南建筑的开拓者和学术先驱。"文化大革命"中，夏先生曾身陷囹圄，后来在中央有关领导的关怀下于1973年重获自由，并移居西德。1994年，91岁高龄的夏先生特意将他在德国写成的《园林述要》书稿，嘱建筑学系1961届校友蔡建中先生带回国内出版。诸位校友责成我为这本书作最

---

*曾昭奋　广东省潮安县人。1960年毕业于华南理工大学建筑学系，同年到清华大学任教。清华大学教授。1980—1995年任《世界建筑》杂志副主编、主编。有若干学术论著刊行。1995年退休。

(4)《百花齐放的艺术殿堂—广州艺术博物院笔记》，原载《建筑学报》2001年第11期。

3《岭南庭园概说》，原载《艺术史研究》第3号，广州中山大学，2001年12月。

《岭南庭园》中的内容，涉及的最古老的实例是九曜园—五代南汉（917-971年）"仙湖"的部分遗迹。仙湖的建成，距今约1000年。1995年，在广州市中心区发掘出西汉南越国宫署花园遗址。这个花园出现在2100年前。这就把岭南庭园的历史向前推进了1000年。

《岭南庭园概说》全面概述了岭南庭园的历史，补述了《岭南庭园》所未涉及的出现于2100年前的宫署花园遗址和最近几十年间出现的新的实例。

4《广州行商庭园》，原载《艺术史研究》第5号，广州中山大学，2003年12月。

广州行商庭园的建设，时在18世纪中叶至19世纪中叶，约有100年的发展史。由于建园的主人，当时独揽中国对外贸易的"十三行"行商们拥有巨大财富，又有奉承、接待朝廷官员和外国商人的实际需求，加以外来生活方式和文化的影响，使行商庭园兴起的速度、建设的规模和设计的水平均为前所未有。在岭南庭园发展史中，行商庭园占有特殊的历史地位和学术地位。莫伯治院士的这篇文章，是研究、论述广州行商庭园的开山之作，填充了岭南庭园发展史的一段空白。

顺便提一下，关于广州行商庭园，在一百年时间内，无论是中国人或外国人，都曾留下或详或略的文字或画图(包括当年刚刚传入中国的摄影)，有待感兴趣者继续搜集、研究。

2007年9月14日于广州

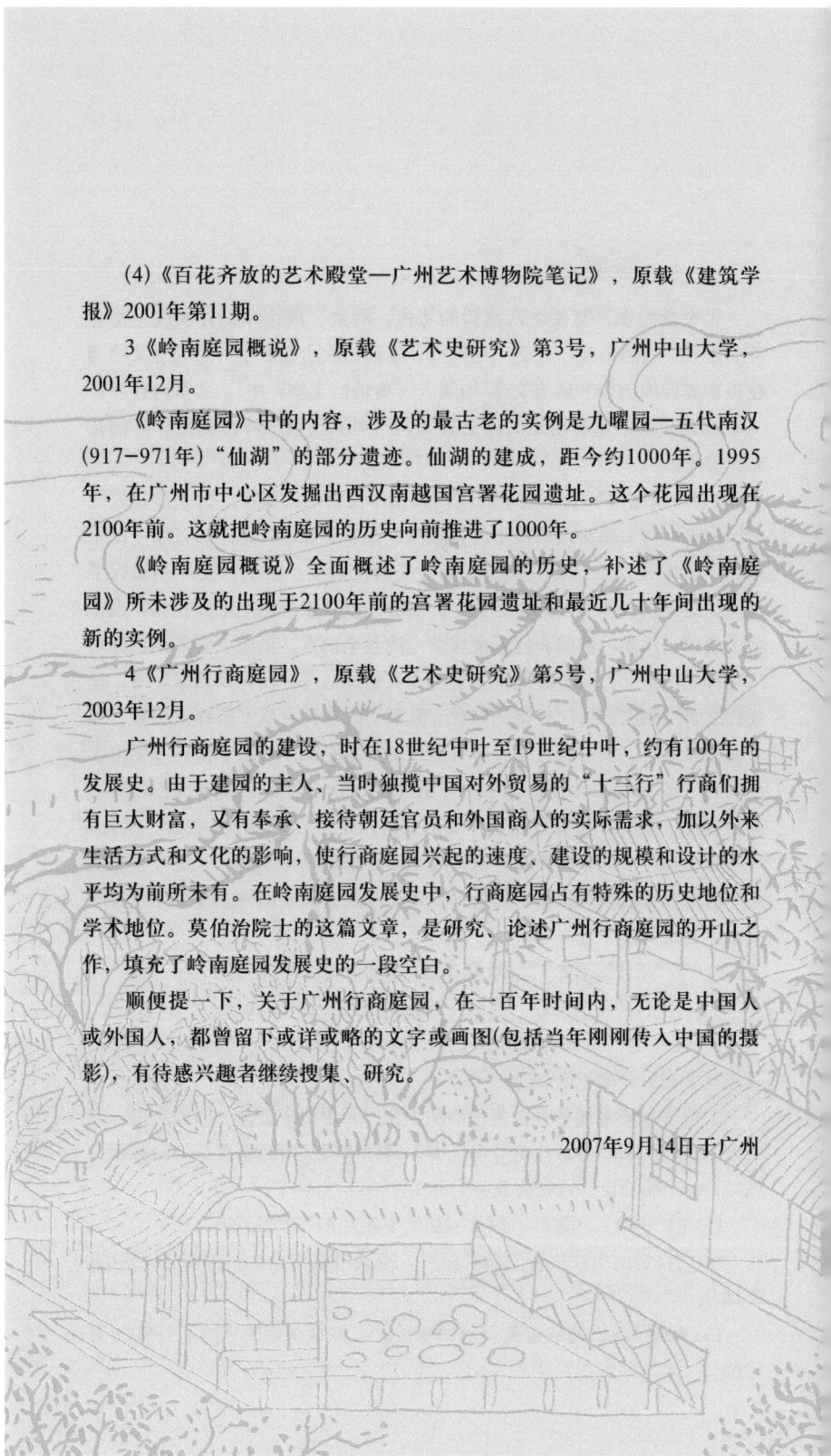